第 2 版｜全彩慕课版

New Media 新媒体·新传播·新运营 系列丛书

视频

拍摄与制作

短视频 商品视频 直播视频

李敏 孙宜彬 于美英◎主编

邓敏 宋媛媛 王玉红◎副主编

U0212642

人民邮电出版社

北 京

图书在版编目（ＣＩＰ）数据

视频拍摄与制作：短视频 商品视频 直播视频：全彩慕课版 / 李敏，孙宜彬，于美英主编. -- 2版. -- 北京：人民邮电出版社，2024.1
（新媒体·新传播·新运营系列丛书）
ISBN 978-7-115-62695-0

Ⅰ. ①视… Ⅱ. ①李… ②孙… ③于… Ⅲ. ①视频制作 Ⅳ. ①TN948.4

中国国家版本馆CIP数据核字(2023)第179538号

内 容 提 要

视频是互联网时代信息传播的重要载体之一，其已经成为社交、资讯、电商等领域抢占互联网流量的重要入口。本书系统地介绍了视频拍摄与制作的流程、工具与方法，共分为 9 章，主要内容包括认识网络视频、视频内容策划、视频创作技能准备、视频拍摄、PC 端视频剪辑、移动端视频剪辑、抖音短视频拍摄与制作、商品视频拍摄与制作，以及直播视频拍摄与制作等。

本书内容新颖、注重实践，既适合作为高等院校电子商务类、新媒体类、市场营销类等相关专业的教学用书，也适合各行各业的新媒体运营人员和对视频拍摄与制作感兴趣的读者学习。

- ◆ 主　编　李　敏　孙宜彬　于美英
　　副主编　邓　敏　宋媛媛　王玉红
　　责任编辑　侯潇雨
　　责任印制　王　郁　彭志环
- ◆ 人民邮电出版社出版发行　　北京市丰台区成寿寺路 11 号
　　邮编　100164　电子邮件　315@ptpress.com.cn
　　网址　https://www.ptpress.com.cn
　　北京捷迅佳彩印刷有限公司印刷
- ◆ 开本：700×1000　1/16
　　印张：13.5　　　　　　　　2024 年 1 月第 2 版
　　字数：303 千字　　　　　　2024 年 12 月北京第 3 次印刷

定价：64.00 元

读者服务热线：**(010)81055256**　印装质量热线：**(010)81055316**
反盗版热线：**(010)81055315**
广告经营许可证：京东市监广登字 20170147 号

前言
Preface

当前，视频内容变得更加多元化、精品化，其已经从扩大用户规模转向争取用户留存时长、垂直深耕视频内容和优化用户体验。视频凭借强大的社会影响力和市场渠道覆盖率，不仅给人们的生活、工作、学习带来了便捷，还实现了流量增长和商业变现，更是给人们带来了全新的视听体验。

视频行业的竞争归根结底是对用户注意力的争夺，只有拥有了吸引用户的优质内容，才能抓住用户的注意力，继而吸引广告商的入驻。近年来短视频已经成为人们关注、分享和传播信息的重要载体，短视频平台为视频创作者提供了新的舞台，不仅可以让其获得更多的用户关注，还可以使他们创作的作品获得更多的曝光机会。

党的二十大报告提出"实施国家文化数字化战略"，这对推动视频产业升级，打造数字文化精品，增强文化产业综合竞争力具有十分重要的意义。视频行业的发展日新月异，为了紧跟行业发展，更好地满足在当前市场环境下读者对相关知识的迫切需求，编者结合最新的行业发展形势和专家反馈意见，在保留第1版特色的基础上，对教材进行了全新改版。本次改版主要修订的内容如下。

● 根据视频行业最新的发展变化，对第1版中较为过时的内容和案例进行了全面更新，所讲知识更加新颖和丰富，更能体现当前视频行业的发展状况。

● 扩充了内容策划、技能准备、视频拍摄、视频剪辑、创作实战等内容，更加符合当前市场环境，学习价值也更高。

● 新增了"课后实训"板块，加强实践教学，注重知行合一，着力培养读者独立思考和运用理论知识进行实践的能力。

● 落实立德树人根本任务，新增"素养目标"板块，致力于培养兼具工具理性与价值理性、敢闯会创的青年奋斗者。

与第1版相比，新版教材的知识体系更加完善，课程内容更加全面、新颖，更加注重理论与实践的结合，更加突出实用性，强调学、做一体化，让读者在学中做、做中学。

前言
Preface

本书提供了配套的慕课视频，读者扫描封面和书中的二维码即可观看相应的慕课视频。此外，本书还提供了丰富的教学资源，包括PPT课件、电子教案、教学大纲、课程标准等，选书老师可以登录人邮教育社区（www.ryjiaoyu.com）下载并获取相关资源。

本书由李敏、孙宜彬、于美英担任主编，由邓敏、宋媛媛、王玉红担任副主编。由于编者水平有限，书中难免存在不足之处，恳请广大读者批评指正。

编　者

2023年11月

目录
Contents

目录
Contents

目录
Contents

目录
Contents

第 1 章 网络视频：
引领媒体融合新时代

【知识目标】

- 了解网络视频的类型与特点。
- 了解网络视频的发展现状与发展趋势。
- 了解短视频的类型、特点与发展趋势。
- 熟悉常见的短视频平台。
- 了解短视频的商业变现方式。

【能力目标】

- 能够判断网络视频的类型。
- 能够分析短视频的商业变现方式。

【素养目标】

- 响应国家创新驱动发展战略，推进网络视频行业健康发展。
- 创作优质网络视频，传播中华优秀传统文化，讲好中国故事。

　　随着网络视频的迅速发展与广泛应用，极大地方便了人们异地间真实、直观的交流及信息的共享，改变了人们工作、学习、娱乐和生活的方式。本章主要引领读者学习网络视频的类型与特点，了解新媒体时代网络视频的发展现状与发展趋势，学习短视频的类型、特点与发展趋势，熟悉常见的短视频平台，掌握短视频的商业变现方式。

1.1 认识网络视频

网络视频是指由网络视频服务商提供的、以流媒体为播放格式的、可以在线直播或点播的声像文件，其可以理解为以网络为载体，通过视频形式进行信息传播交流的一种媒体形式。网络视频通过网络传输动态图像，让用户获得的信息比单一文字或图片信息更生动、更形象，更富有现场感。

网络视频具有应用范围广、交互性强、内容丰富等特点。网络视频的内容来源主要包括用户上传原创内容、向专业影像生产机构和代理机构购买版权内容，以及网络视频企业自制内容三种主要渠道，涉及电影、电视剧、综艺节目、动漫、游戏、体育赛事、广告等文化娱乐内容的生产与传播。

↘ 1.1.1 网络视频的类型

按照不同的划分标准，可以将网络视频分为不同的类型。

1. 按照平台运营商的特点分类

按照平台运营商的特点分类，可以将网络视频分为5种类型，即长视频（综合视频）、短视频、网络电视、聚合视频和视频直播，如表1-1所示。目前，网络视频的两大支柱为长视频和短视频。

表1-1　按照平台运营商的特点分类

网络视频类型	常见平台
长视频	爱奇艺、优酷、腾讯视频、搜狐视频等
短视频	快手、抖音、西瓜视频、美拍、秒拍等
网络电视	华数TV、央视影音、风云直播等
聚合视频	360影视、百度视频、2345影视等
视频直播	斗鱼、虎牙、熊猫、映客等

2. 按照制作方式分类

按照制作方式分类，可以将网络视频分为网络直播视频和网络录制视频。

● 网络直播视频：指利用摄像机直接拍摄现场状况，拍摄的信息经过压缩编码后直接播出，视频呈现与现场发生的事件是同步的，具有很强的实时性。

● 网络录制视频：指把现场发生的事件用摄像机拍摄下来，用视频编辑软件进行编辑加工后再通过网络播出的视频。相对于网络直播视频来说，网络录制视频在信息传递上具有一定的滞后性。

3. 按照播放方式分类

按照播放方式分类，可以将网络视频分为实时播放和非实时播放。

● 实时播放：指即时视频信息呈现。

● 非实时播放：不以即时视频信息呈现，又分为下载播放和流式播放两种类型。

下载播放：必须将视频全部下载到本地计算机后才能进行播放，需要长时间占用网络带宽和本地存储资源，但播放效果比较流畅。

流式播放：将大约几秒或十几秒的视频内容先下载并存放到缓冲器中，在下载剩余视频内容的同时开始播放已下载的视频内容，以保证视频播放的实时性。该播放类型对缓冲器容量需求不高，但视频质量无法与下载播放的视频相比，且视频分辨率和帧率较低，在某些情况下不能直接下载保存。

4. 按照业务类型分类

按照业务类型分类，可以将网络视频分为会话或会议型业务和检索型业务。

● 会话或会议型业务：指人与人之间的交互通信，对时延比较敏感，且对实时性要求比较高，主要包括视频指挥、视频会议、视频监控、可视电话、远程教学、远程医疗和即时通信等。

● 检索型业务：通常是指人与计算机之间的交互通信，对时延要求不高，但对时延抖动比较敏感。该业务通常采用流媒体技术，以确保视频播放的连续性，主要包括视频新闻、视频广告、视频点播、视频转播等。

5. 按照使用范围分类

按照使用范围分类，可以将网络视频分为个人桌面型、小型群组型和大型团体型。

● 个人桌面型：指以单台计算机方式呈现的视频信息，终端通常采用软件方式实现音频、视频编解码，操作简便，移动性好。

● 小型群组型：指小型会议室以显控方式呈现的视频信息，终端通常采用硬件方式实现音频、视频编解码，适合多人同时观看，视频质量高于个人桌面型。

● 大型团体型：指中大型会议场所以显控方式呈现的视频信息，终端通常采用硬件方式实现音频、视频编解码，实现机制较为复杂，视频质量要求较高，适合众人同时观看。

↘ 1.1.2　网络视频的特点

网络视频具有以下特点。

1. 去中心化，互动性强

网络视频在传播过程中打破了传统意义上传播者与受众之间的界限，其用户可以对视频进行自由评论、留言，发表个人态度和看法，还可以在特定的情况上传和下载视频文件。在网络视频中，去中心化的特点得到了充分体现，任何一个网络节点都能传播新的网络视频信息，每一个用户作为受众的同时也可以是网络视频的传播者。

2. 内容丰富，利用率高

网络视频内容丰富，题材多样，具有同类视频自动推荐，视频利用率高，信息反馈及时的特点。在网络视频中，各种类型的视频并存，时长不一，无论哪种类型的视频，只要用户感兴趣并点击观看后，就会有一系列的同类视频推荐。用户可以在任何时间、任何地点根据自己的兴趣爱好选择观看不同类型的视频，并且可以循环播放，提高视频的利用率。

3. 全球传播，覆盖面广

网络视频传播是以全球海量信息为背景，以海量用户为对象，用户可以随时随地做出反馈。在全球一体化的今天，网络视频的传播带来了不同国家与地区、不同社会文化的全方位融合。网络视频以丰富的内容不断改变着人们的生活、娱乐和消费方式。

4．时效性强，可控性差

网络视频具有很强的时效性，但可控性较差。网络视频的飞速发展为人们开拓了新的交流环境，开辟了公共舆论空间，实现了人们对现实状态和社会文明的高度关注。对于热点事件或话题，网络视频可以引起人们讨论与传播，但可控性较差，有时容易受到社会舆论的影响。

5．码率可变，突发性强

代表网络视频信息的数据流码率是随着不同的信息内容和时间而不断变化的，如人们讲话时的停顿、所传场景图像中物体的运动等都会造成码率的波动，而且这种波动往往呈现出极强的突发性。

6．多元拓展，集成性高

网络视频的集成性包括技术的集成性和媒体信息的集成性两个方面。技术的集成性是指将原来的电话、广播、电视、音像、多媒体等技术与计算机网络技术融为一体；媒体信息的集成性是指网络视频可以与音频、文字、动画等多格式、大量内容的数据信息集成，还能与一些附加的控制信息集成。

↘ 1.1.3　网络视频的发展现状

《2023中国网络视听发展研究报告》数据显示，截至2022年12月，我国网络视听用户规模达10.4亿。随着网络视频用户持续增加，网络视频质量也不断提升，各类网络视频运营商不断增多，使行业规模不断扩大，网络视频市场竞争将越来越激烈。

网络视频的发展现状主要表现在以下几个方面。

1．宏观调控促进行业高质量发展

国家宏观政策调整的核心是力争实现网络视频行业的高质量发展升级。网络视频行业在满足人民群众多样化文化需求、推动经济增长等方面发挥了积极的作用。作为数字经济的重要组成部分，网络视频行业将继续在"十四五"时期承担社会经济发展的任务，并遵循新的发展理念，在政策、技术、市场、用户、效益等不同维度下改革创新，加速行业的迭代升级，让网络视频行业高质量发展更加稳健有力。

2．监管部门落实高质量发展路径

根据顶层思路指引，中华人民共和国国家互联网信息办公室、中国共产党中央委员会宣传部、中华人民共和国文化和旅游部、国家广播电视总局等管理部门梳理行业出现的新问题、新状况，制定精细、明晰的监督管理制度，明确执法对象与手段，强化执法检查与惩治力度，带动行业进入高质量发展方向。

3．行业协会营造良好的发展环境

行业协会积极参与有效治理，主动营造良好的行业环境。在高质量发展要求下，行业协会的行业治理职能重要性提升，中国演出行业协会、中国网络视听节目服务协会等行业协会作为政府与从业机构之间的桥梁与纽带，倡导从业人员提高行业自律，鼓励业内企业将上级主管部门的管理要求转化为更具主动性的自我校准、自我约束、自我监督，营造积极有序、公平公正的行业竞争环境。

4. 形式创新、技术迭代提供长期动能

网络视频用户增长红利逐渐消退，形式创新、技术迭代、效率升级为行业发展提供长期动能。长期来看，网络视频行业活跃用户增长率低于全网活跃用户增长率，活跃用户增长放缓，未来细分媒介形式与内容形式的融合创新、内容传播技术的迭代与落地、商业变现手段的创新与效率升级将成为市场发展的后续动力。

5. 全球数字媒体市场广告主表现积极

从全球广告市场来看，数字媒体成为推动全球广告市场增长的主要力量之一，社交、视频、搜索等媒体渠道将在未来助力数字媒体广告市场持续前进。目前，广告主在线上渠道的投放热情持续增强，网络视频将成为多数广告主的投放重心之一。

6. 国内市场持谨慎乐观的投资态度

国内市场对网络视频行业保持谨慎乐观的投资态度。近年来，国内市场对网络视频行业的投资热情逐年减少，投资金额也呈下滑趋势，体现其更为谨慎的投资态度。同时，随着网络视频行业进入存量竞争状态，国内市场在近几年更倾向于进入短视频与直播、电商、MCN（Multi-Channel Network，多频道网络）等周期较短、现金回流较快的领域，对公司盈利能力、现金回流效率提出了更高的要求。

↘ 1.1.4 网络视频的发展趋势

随着网络视频在国家政策的正确引导下日益规范，其内容质量不断提升，各网络视频平台也在积极延伸产业链，探索可持续的商业发展模式。具体来说，网络视频未来的发展趋势主要表现在以下几个方面。

1. 元宇宙：网络视频行业推动多元数字化进程

新媒体时代背景下，元宇宙（利用科技手段进行链接与创造的，与现实世界映射与交互的虚拟世界，具备新型社会体系的数字生活空间）呈现出同步性、开放性、永续发展的基本特征。基于此，网络视频厂商将加快推动元宇宙相关的技术应用和领域渗透，对内容、市场、用户等多位面价值进行开发，持续布局游戏、科技、数字藏品等领域。

随着元宇宙数字化进程的推进，未来网络视频行业与其他行业之间的界限或将更加模糊，行业融合与渗透进一步彰显，网络视频行业的想象边界将不断被拓展。

2. 内容拓展：虚拟数字人应用前景广阔

虚拟数字人在网络视频平台广泛应用，其商业价值开发前景广阔。虚拟数字人作为"虚拟世界与现实社会交互"的桥梁，快速成为网络视频平台的发力聚焦点。

新一代虚拟数字人经过发展将以更加精细化形象的偶像、主播、品牌代言人等多元化角色触达用户，在增强固有圈层用户黏性的基础上拓展新圈层用户，以更广的触达面持续挖掘内容价值和营销价值，如图1-1所示。

图1-1　虚拟数字人的应用价值

3. 市场拓展：探索海外市场发展机会

中国影视可以借鉴其他国家有效的营销和发展模式，促进更多影视作品的创作和优秀影视IP的衍生，进一步推动中国影视出海和海外内容价值的拓展，积极探索海外市场的发展机会，寻找海外市场的销路。

在推动影视作品破圈出海时，视频创作者需要注意以下几点。

● 内容打造：致力于多元题材的开发，输出深刻价值观，寻求创意突破，扩大用户圈层。

● 平台协作：了解海内外网络视频市场的规则，加深对海外市场的认知；影视集团独立完成影视生产到海外投放的闭环。

● 海外营销：跨界合作，助力影视IP衍生；举办大型国际影视活动，促进海内外交流。

4. 体裁创新：多元化题材布局丰富

聚焦以"Z世代"（1995年至2009年出生的一代人）为首的年轻用户，各大网络视频平台接连推出轻综艺、微短剧、漫改剧等新体裁的视频内容，一方面能够深耕圈层市场，丰富平台内容生态，发挥长尾效应，进一步推动平台内容精细化运营，增强用户黏性；另一方面，借助新模式的成本优势和营销优势，会给网络视频行业带来新的活力。

在新媒体时代，更短时间、更快节奏的"轻内容"形式能够满足用户碎片化、移动化、社交化、互动化的观看需求，多元化题材成为网络视频平台寻求增长的新路径。

5. 融合发展：长、短视频平台入局中视频

网络视频平台挖掘内容生态新潜力，长视频、短视频、中视频融合发展。中视频时长约为5～30分钟，多为横屏形式。中视频结合了长、短视频各自的优势，同时满足对表达完整性、观看高效性的要求，成为长、短视频平台竞相争夺的新赛道，在流量、收益、技术等方面对视频创作者给予支持助推中视频领域的发展。然而，当前中视频的主要内容生态和商业模式仍未跳出长、短视频的范畴，优质内容的生产仍有一定的难度，未来的发展需要平台和视频创作者更多的关注和投入。

"好内容"是当前人们讨论热度较高的关键词，视频创作者应注意从多角度描绘民生，宣扬真、善、美，以独特的视角传递向上向善的正能量，充分发挥网络视频的示范引领作用。

6. 商业加速：多方向探索商业变现模式

随着各网络视频平台为购买版权、生产优质内容而不断加大投入成本，有些网络视

频平台的亏损情况迟迟得不到缓解，网络视频平台亟须通过更加有效的盈利模式来反哺优质内容。

从超前点播到会员调价、单内容付费的尝试，网络视频平台不断探索新的有效收益方式。整体来看，目前网络视频平台的付费模式仍处于市场培育阶段，如何打通优质内容刺激用户付费、付费反哺优质内容生产这一良性循环链路，仍是网络视频平台商业模式探索道路上的关键。网络视频平台正努力多方向探索网络视频更多的商业变现模式。

7. 视频营销：网络视频平台持续优化视频营销策略

在视频营销方面，网络视频平台持续优化视频营销策略，进一步提升广告收入，搭建有效的营销系统和产品矩阵，助力品牌方和视频创作者有效利益的增长，加速健康、优质的内容生态发展和商业变现转化。

8. 架构调整：网络视频平台积极调整组织架构

当前网络视频行业内部分工更加细化，需要有效的资源整合和链路打通，在此背景下，各大网络视频厂商为有效应对新的竞争挑战，相继对组织架构进行调整，通过事业部改造、BU（Business Unit，业务单元）合并等方式，打通各业务间的资源通道，提高资源利用效率，朝着全平台化、视频化的趋势发展。例如，腾讯视频将长、短视频结合，取长补短发力中视频；字节跳动整合视频产品矩阵，打通产品间的流量和链路；快手加强事业部闭环，转变用户增长模式等等。

1.2 认识短视频

在移动互联网时代，人们的时间越来越碎片化，短视频凭借时长短、内容丰富多彩等优势持续吸引用户，其从不同维度打开了网络视频市场的窗口，并成为网络视频的生力军。短视频的内容质量在不断提升，并向多元化发展，已成为人们工作、学习、娱乐的重要方式之一。

↘ 1.2.1 短视频的类型

短视频指在各种新媒体平台上播放的、适合在移动状态和短时休闲状态下观看的、高频推送的视频内容，时长在几秒到几分钟不等，其内容融合了技能分享、幽默搞怪、时尚潮流、社会热点、街头采访、公益教育、广告创意、商业定制等主题，是一种互联网内容传播方式。随着移动终端的普及和5G时代的到来，短平快的大流量传播内容逐渐获得各大平台、粉丝和投资者的青睐。

随着短视频的飞速发展，各大平台上的短视频种类百花齐放。下面从短视频的渠道类型、内容类型及生产方式类型来进行简要介绍。

1. 短视频的渠道类型

短视频渠道就是短视频的流通渠道，按照平台特点和属性可以细分为5种渠道，分别为资讯客户端渠道、在线视频渠道、短视频平台渠道、媒体社交渠道和电商类渠道，如表1-2所示。

表1-2　短视频的渠道类型

渠道类型	常见平台
资讯客户端渠道	头条号、百家号、一点资讯、网易号媒体开放平台、企鹅媒体平台
在线视频渠道	大鱼号、搜狐视频、爱奇艺、优酷、腾讯视频、哔哩哔哩
短视频平台渠道	抖音、快手、西瓜视频、秒拍、美拍等
媒体社交渠道	微博、微信、QQ等
电商类渠道	淘宝、京东、蘑菇街、唯品会等

2. 短视频的内容类型

按照短视频的内容属性来划分，可以将短视频分为娱乐类、知识类、生活类、情感类、时尚类、新闻类等，其中娱乐类、知识类、生活类短视频的数量较多，如表1-3所示。

表1-3　短视频的内容类型

内容类型	说明
娱乐类	娱乐类短视频主要满足用户休闲娱乐的需求，能够缓解用户压力，使用户心情愉悦，此类短视频范围较广，数量很多，包括搞笑类、才艺类、温暖治愈类、宠物类、正能量类等
知识类	知识类短视频主要教授用户一些知识和技能，如育儿知识、法律知识、理财知识、健身知识等，此类短视频兼具知识的专业性和实用性，目标用户群体广泛，传播效果好，内容涉及科学知识、人文知识、财经知识、影视科普、读书书评、技能分享、艺术教学等
生活类	生活类短视频主要以真实生活为创作素材，以真人真事为表现对象，此类短视频涉及范围广、素材多，内容生活化，容易制作，因此受到视频创作者与用户的双重欢迎，主要包括美食类、美妆类、服饰类、旅行类等

3. 短视频的生产方式类型

按照生产方式来划分，短视频内容可以分为UGC、PGC和PUGC三种类型，如表1-4所示。

表1-4　短视频的生产方式类型

生产方式类型	说明
UGC	UGC（User Generated Content，用户生成内容）即用户原创内容，其特点是制作简单，成本低，商业价值较低，但社交属性强
PGC	PGC（Professional Generated Content，专业生成内容）创作视角多元化，内容个性化，其特点是成本高，专业技术高，商业价值高，具有很强的媒体属性
PUGC	PUGC（Professional User Generated Content，专业用户生成内容）的特点是成本较低，商业价值较高，兼具社交属性和媒体属性

↘ 1.2.2　短视频的特点

短视频具有生产流程简单、制作门槛低、社交属性和互动性强、传播速度快、信息接受度高等特点，超短的制作周期和趣味化的内容对视频创作者有一定的挑战，优秀的视频创作者通常依托于运营成熟的自媒体或IP进行高频、稳定的内容输出。

总体来说，短视频具有以下特点。

1. 短小精悍

短视频时长一般在15秒到5分钟之间，内容短小精悍、生动有趣，吸引力强，注重在开场的前3秒抓住用户，视频节奏快，内容比较充实、紧凑，符合用户碎片化阅读的习惯。

2. 生产成本低

制作短视频可以借助移动设备，在移动设备上拍摄、制作、上传与发布，依靠移动智能终端即可实现快速拍摄和剪辑美化，轻松制作具有个性化特点的优秀作品，生产成本也比较低。

3. 传播性强

媒体传播平台门槛低，渠道多样，可以实现内容裂变式传播，同时还可以进行熟人圈层式传播，用户可以直接在平台上分享自己制作的视频，以及观看、评论、点赞他人视频。多方位的传播渠道和方式使短视频的信息内容呈现病毒式的扩散传播，信息传播的力度大、范围广、交互性强，社交黏性强。

4. 信息接受度高

在快节奏生活方式和高压力工作状态下，大多数人在获取日常信息时习惯选择自由截取、追求短平快的消费方式。短视频信息开门见山、观点鲜明、内容集中、指向定位强，容易吸引用户，并被用户理解与接受，信息传达和接受度更高。

5. 营销效果好

与其他营销方式相比，短视频具有指向性优势，因为它可以准确地找到目标用户，实现精准营销。短视频平台通常会设置搜索框，对搜索引擎进行优化，用户一般会在平台上搜索关键词，这一行为会使短视频营销更加精准。

短视频营销的高效性体现在用户可以边看短视频边购买商品，这是传统的电视广告所不具备的重要优势。在短视频中，可以将商品的购买链接放置在商品画面的四周或短视频播放界面的四周，从而实现"一键购买"，营销效果非常好。

↘ 1.2.3　短视频的发展趋势

在新媒体时代，新兴互联网技术日新月异。视频创作者寻求发展，必须了解短视频行业未来的发展趋势。

1. 市场规模持续增长

随着短视频行业的进一步规范，以及短视频内容质量的进一步提升，短视频的商业价值会越来越高，市场规模也会维持高速增长的态势。

2. 深挖视频内容价值

当前，短视频行业逐步走向成熟阶段，未来用户数量将难以出现爆发式增长，实现短视频商业价值的重点也将从追求用户数量的增长向深度挖掘视频内容价值方面转变。未来，短视频发展要回归内容价值，从娱乐、社交、消费等逐步转向生活服务、文化传承、新闻资讯等参与社会建构的轨道上，从社交属性过渡到内容属性，视频创作者将持续深挖视频内容价值。

3. 拓展视频功能服务

"短视频+"将持续创造新动能，推动多领域的交叉融合。"短视频+电商""短视频+音乐""短视频+教育""短视频+游戏""短视频+文旅"等多种形式正在成为社会行业发展的新生动力。未来，短视频将深度嵌入社会生活与产业结构，更具连接性和中介性，融合消解更多行业边界，连接赋能更多行业发展。

4. 构建行业智能生态

短视频行业的发展，一方面要创新内容表达，提高传播效果；另一方面要加强内容监管，完善运营机制，逐步走向规范化、科学化，不断完善短视频评价体系，构建短视频技术体系，进而实现短视频行业的智能生态。

5. 长短视频融合发展

长短视频的交织愈加密切，未来将不会有严格意义上区分的长视频平台与短视频平台，而都是网络视频平台，长短视频的界限也将逐步淡化。未来网络视频平台及视频创作者都要围绕自身的用户垂直深耕，结合自身的技术优势，打造属于自身的内容壁垒。

6. 新兴技术助推行业发展

随着5G时代的到来，短视频行业将开启超高清视频时代，打造沉浸式视频体验。短视频将融入更多新的玩法，用户在观看时，可以借助VR（Virtual Reality，虚拟现实）、AR（Augment Reality，增强现实）、MR（Mixed Reality，混合现实）左右内容方向，自主选择剧情，实现沉浸式视频互动体验。

↘ 1.2.4 常见的短视频平台

目前，常见的短视频平台主要有抖音、快手、哔哩哔哩、西瓜视频、小红书、微信视频号等。

1. 抖音

抖音是目前最火的短视频平台之一，它是一款可以拍摄并制作短视频的音乐创意短视频社交软件，于2016年9月上线，用户可以通过这款软件选择歌曲，拍摄音乐短视频，制作自己的作品。

2022年，抖音用户数量已超过8亿，日活跃用户数超过7亿。如今，抖音本地生活服务的商业生态圈已经形成，通过与商家品牌合作、主播探店、视频种草、短视频分享、直播带货等方式，围绕抖音用户群体打造了独特的服务模式。2022年，抖音电商交易总额（Gross Merchandise Volume，GMV）突破1.4万亿元人民币。

抖音是基于智能算法实现精准推送，视频创作者可以根据自身意愿制作视频，展示才能，表达观点，视频内容题材丰富，创作主题本土化。目前，抖音已经发展成为面向全年龄段的短视频社区平台，平台用户量大、活跃度高、黏性强，随着用户边界不断拓展，用户规模还在继续扩大。

2．快手

快手的前身叫"GIF快手"，诞生于2011年3月，最初是一款用来制作、分享GIF图片的移动端应用。2012年11月，"GIF快手"从纯粹的工具应用转型为短视频社区，成为用户记录和分享生活的平台。2014年11月，"GIF快手"正式改名为"快手"。

2021年2月，快手作为"短视频第一股"在中国香港上市。2022年11月，"快手创作者版"App正式上线，解决了视频创作者在创作前中后期的核心痛点，为其提供包括作品创作、粉丝增长及商业变现等全链路的成长服务。

快手之所以能成为短视频行业中的主流平台之一，是因为它具有草根性，主要面向农村乡镇用户群体，给了他们更多表达自己的机会。同时，快手公平对待每一位视频创作者，在快手上发布的短视频都有在"发现"界面获得展示的机会。

3．哔哩哔哩

哔哩哔哩创建于2009年，现已发展成为多领域的短视频与长视频综合平台。2023年第一季度，哔哩哔哩月活跃用户数达3.15亿，用户日均使用时长为96分钟。

哔哩哔哩的用户群体以"90后""00后"为主，他们具有文化自信、道德自律和知识素养。这样的用户群体与高质量的UP主（视频创作者）形成了良好互动的社区氛围。

在哔哩哔哩上，用户可以找到与自己志同道合的人，并以相同的兴趣爱好交织在一起，通过视频的信息载体加深彼此的关系。哔哩哔哩还引入了很多知名的媒体，通过其优质的作品吸引更多不同年龄层的用户。

哔哩哔哩提供不同种类的长视频和短视频，围绕用户的兴趣提供技术支持与运营服务，让用户在自主选择的前提下找到喜爱的视频内容，找到喜爱的UP主，找到一群有相同兴趣的爱好者。

4．西瓜视频

西瓜视频是一个个性化推荐视频平台，通过人工智能帮助每个用户发现自己喜欢的视频，并帮助视频创作者轻松地分享自己的视频作品。

西瓜视频的本质是一款信息流资讯软件。视频创作者为西瓜视频提供内容，同时获得收入分成；广告商为西瓜视频提供收入，同时获得流量；用户为西瓜视频提供流量，同时获得内容。三者形成一个闭环，彼此赋能并推动彼此增长。

西瓜视频的用户量也很大，其平台特点是拥有众多垂直分类，内容专业度高；精准匹配内容与用户兴趣，致力于成为"最懂你"的短视频平台；横屏播放形式在叙事能力、题材范围、表现方式等方面更具优势；拥有较多的影视和综艺短视频资源，多方位满足用户需求。

5．小红书

小红书是一个生活方式平台和消费决策入口。在小红书社区中，用户可以通过文字、图片、视频笔记的分享记录这个时代年轻人的正能量和美好生活。2020年，小红书已经成为中国市场广告价值渐高的数字媒介平台，成为连接用户和优秀品牌的纽带。2023年2月，小红书官方宣布，小红书网页版上线。

小红书生活方式社区运营的方向是通过"线上分享"消费体验，引发"社区互动"，并推动其他用户"线下消费"，反过来又推动更多"线上分享"，最终形成一个正循环。

小红书以内部商业闭环（"种草"笔记、"带货"直播、小红书商城）为核心，形成更加开放的平台内部、外部双循环。这不仅有利于小红书平台的发展，也能更好地满足平台用户和品牌商家的多样化需求。

6. 微信视频号

微信视频号是2020年1月腾讯正式宣布开启内测的短视频平台，用户可以直接通过微信App发布短视频，支持添加地理位置和公众号文章链接。

微信视频号不同于微信公众号或朋友圈，它属于新兴的短视频创作平台。与其他短视频平台相比，微信视频号有着先天的流量优势。截至2023年第一季度，微信月活跃用户数已超13亿，再加上微信视频号的推荐机制（用户能够看到好友点赞过的视频动态），对于视频创作者来说又增加了一种曝光的途径，因此微信视频号是一个不错的选择。

相较于其他短视频平台，微信视频号具有用户规模大、资源配置丰富、自带社交属性和引流便捷等优势。在微信本身巨大用户规模的支持下，微信视频号会借助流量优势开创新型推荐模式，并与微信小程序和支付功能建立链接，形成完整的商业生态体系。

1.2.5 短视频的商业变现方式

近年来，由于短视频的持续火爆，已经成为很多创业者的创业方向之一。在短视频行业创业，视频创作者要先了解短视频的商业变现方式。

1. 广告变现

目前，短视频作为互联网曝光量最大的内容产物之一，众多的品牌商家都愿意与优秀的视频创作者合作。广告变现是视频创作者常用的变现方式。短视频的广告变现形式有很多种，主要有植入广告、贴片广告、品牌广告、角标广告和信息流广告，如表1-5所示。

表1-5　短视频的广告变现形式

广告变现形式	说明
植入广告	植入广告是在短视频内容中插入商品或品牌信息，在潜移默化中达到营销目的，对内容与商品及品牌信息的契合度要求较高。植入广告又分台词植入、剧情植入、道具植入、场景植入等形式
贴片广告	贴片广告是通过展示品牌本身来吸引用户注意的一种比较直观的广告变现方式，一般出现在短视频的片头或片尾，紧贴短视频内容
品牌广告	品牌广告是以品牌为中心，为品牌和企业量身定做的专属广告
角标广告	角标广告又称浮窗Logo，是在短视频播出时悬挂在屏幕边角播放的一种动态标识
信息流广告	信息流广告是指出现在短视频推荐列表中的广告

2. 电商变现

电商变现是指在短视频内容中直接加上商品链接或购物车按钮等，用户点击后便会出现商品推荐信息，用户可以边看短视频边下单购买。与传统的图文形式相比，短视频传递信息更加直接且富有画面感，更容易激发用户的购买欲望。

视频创作者可以直接制作商品视频或围绕好物种草、好物推荐等制作短视频内容，平台自有店铺通过商品销售或添加商品链接为商家引流拓客，从而实现电商变现。

3. 内容变现

如果短视频的内容足够优质、有趣、有价值，就很容易激发用户的观看欲望，甚至促使用户主动付费观看，从而使人气转化为实际的经济收益。

短视频的内容变现形式主要包括用户赞赏、付费观看和会员制增值服务付费，如表1-6所示。

表1-6　短视频的内容变现形式

内容变现形式	说明
用户赞赏	当用户觉得短视频内容足够优质，对自己很有价值时，就会支付一定数额的赞赏来激励视频创作者
付费观看	付费观看是用户为观看某内容而主动付费，它对内容有较高的要求，必须要有价值，具有排他性和猎奇性，这样更容易促使用户付费观看
会员制增值服务付费	用户付费成为会员，享受更多的内容观看权利。很多平台的付费观看与会员制增值付费相互融合，用户既可以在购买会员权利后免费观看直播或短视频，也可针对某场直播或某个短视频有选择性地付费观看

4. 平台补贴与分成

各平台与视频创作者之间保持着相互依赖的关系，平台推出的激励、补贴政策，不仅吸引了更多的视频创作者入局，还拓宽了内容的边界和可能性。

为了提升竞争力，很多主流平台推出了自己的分成和补贴计划，如抖音的激励计划、全民任务等。不同的平台，其补贴与流量分成的规则与要求不同，主要取决于内容质量及账号的级别等，只要满足要求就可以实现变现。

5. IP变现

无论是个人创作者，还是短视频创作团队，能够真正把IP融入短视频作品中，未来会有更多的收益。很多坚持原创的短视频账号经过运营成为"超级IP"，并且衍生出了很多IP附加值来实现变现。随着短视频行业的发展与成熟，IP全产业链价值正在被深度挖掘，那些成名的短视频账号实现IP变现的机会也会越来越多。

课后实训：分析网络视频的发展现状与发展趋势

1. 实训目标

分析网络视频的发展现状与发展趋势，了解网络视频行业的发展方向。

2. 实训内容

4人一组，以小组为单位，搜集网络视频发展的相关资料，如《2023中国网络视听发展研究报告》等，分析讨论网络视频的发展现状与发展趋势，了解行业发展动向。

3. 实训步骤

（1）搜集网络视频发展的相关资料

小组人员分工协作，搜集有关网络视频发展的资料，并进行阅读了解。

（2）总结发展现状与发展规律

分析网络视频行业相关的数据，盘点行业的发展，分析出圈的优秀作品，了解网络视频行业涌现的新场景、新业态，了解网络视频行业发展的动力因素。

（3）分享讨论网络视频内容发展方向

近年来，中国网络视听产业持续迅猛发展，在引领文化强国建设中承担全新使命。网络视频内容策划更加多元，表达方式不断创新突破，在内容审查日趋完善，用户审美逐渐提升的前提下，如何把握网络视频内容的发展方向。小组人员可以自由讨论分享并得出结论，如弘扬中华优秀传统文化、讲好中国故事、传播中国好声音等。

（4）实训评价

进行小组自评和互评，撰写个人心得和总结，最后由教师进行评价和指导。

课后思考

1. 简述网络视频的类型。
2. 简述短视频的类型及特点。
3. 简述短视频的商业变现方式。

第 2 章 内容策划：打造高质量视频

【知识目标】

- 了解视频的创作目的。
- 掌握精准定位目标用户的方法。
- 掌握策划视频选题和内容的方法。
- 了解视频的展示形式。
- 掌握撰写视频脚本的方法。

【能力目标】

- 能够明确视频创作的目的，并精准定位目标用户。
- 能够策划优质的视频选题和内容。
- 能够根据需要选择合适的视频展示形式，并撰写视频脚本。

【素养目标】

- 以用户需求为导向，策划喜闻乐见的高质量网络视频。
- 培养创新思维，发展网络视频新场景、新业态、新形式、新内容。

当前，网络视频领域竞争日益激烈。对视频创作者来说，其竞争的本质就是吸引用户的注意力，抢占头部流量，而制胜的关键就是策划优质内容。视频的内容策划要从用户需求出发，做好目标用户定位，多方位、多角度地挖掘选题，确定最佳展示形式，从而打造出爆款作品。本章主要学习视频的用户定位、选题和内容策划，以及确定视频展示形式与撰写视频脚本等知识。

2.1 明确视频创作目的

在创作视频前，视频创作者首先要明确视频的创作目的，这样才能有的放矢，创作出优质的作品。创作视频的目的不同，其拍摄内容和展示形式也有所不同。

↘ 2.1.1 商品营销

创作这种视频作品的目的是为了完成商品销售，实现商品变现。无论是网络视频广告，还是在线直播视频，以商品营销为目的的视频内容通过展示商品的形状、结构、性能、色彩和用途等，激发用户的购买欲望。

创作以商品营销为目的的视频，关键是要想办法捕获用户的注意力，同时让用户充分了解自己的商品，激发其购买欲望，促使其产生购买行为。以商品营销为目的的视频类型主要有以下几种。

1. 解说类

解说类视频主要是以简单、友好的方式解释商品或服务，其创作思路是从用户的痛点出发，引入商品，解释该商品如何解决用户的痛点。解说类视频不仅可以很好地解决潜在用户的需求，还能起到筛选目标用户的作用。

2. 教程类

教程类视频主要是解决用户的认知困惑，使其更加了解商品的细节，掌握使用方法或知识技能等，强化商品优势，提供专业意见，从而促使用户做出购买的选择。

3. 售后类

售后类视频主要是针对商品的一些共性问题进行解答，提出解决方案，集中解决用户的问题，增强用户的黏性，提升用户的满意度。

4. 测评类

测评类视频主要是站在用户的角度，围绕同类商品进行深入分析和数据比较，重点介绍商品或突出商品的某项特性，给出专业的测评结果，找出优于同类商品的差异性，从而赢得用户的信任与认可。

创作以商品营销为目的的视频需要注意以下几点。

● 商品选择：选出的商品要能满足用户的需求，如质量、价格等。

● 定位契合：商品定位要与账号的人设定位高度契合，这样更容易赢得用户的信赖。

● 注意品类：注意营销的商品种类不要过于繁杂，注重品牌专一性和商品关联性。

以商品营销为目的的视频主要是从宣传整体、展示细节等方面进行内容构思，通常以直观、细腻的讲解来吸引用户的注意力，如图2-1所示。

图2-1 以商品营销为目的的视频

2.1.2 品牌打造

无论是个人自媒体还是企业团队，其创作网络视频的目的之一是打造品牌，提高自身知名度与影响力。以品牌打造为目的的视频创作思路可以围绕3个方面，即塑造人设、统一风格和打造记忆点。

1. 塑造人设

人设即人物设定，指通过视频内容塑造典型的人物形象和个性特征。成功的人设能够在用户心中留下深刻的印象，通过某个标签就能让用户快速联想到此人及其视频。塑造人设的关键就在于给人物贴上标签，快速贴标签的方法就是通过视频内容来凸显人物某个方面的特征。

例如，抖音账号"栗子熟了"围绕文学作品塑造温婉知性的人设。人设有很多种，如搞笑类、幽默类、情感类、知识类等，视频创作者需要考虑哪类人设更适合自己。

2. 统一风格

统一风格指发布的视频作品的风格要一致，以加深用户对视频内容和人设的整体印象，进一步强化自身品牌形象。

例如，"房琪KiKi"以Vlog（视频博客）的形式记录旅行风光（见图2-2），展现不同地方的风土人情和生活方式，让人们在平凡的生活中享受她带来的"诗和远方"。她的视频内容记录了祖国的壮美山河，展现了浪漫的星辰大海，凭借这种风格形式吸引了稳定的用户群体。

图2-2 统一风格

3. 打造记忆点

记忆点是指视频内容中让人印象深刻的地方，打造人物的专属记忆点有助于个人品牌的打造。记忆点无须太复杂，可以是细节方面的设计，如一个标志性动作、一句个性台词、一种独特的口音等。例如，抖音账号"我是田姥姥"中的田姥姥，以独特的口音和笑声给用户留下了深刻的记忆。

2.1.3 特色展示

如果创作网络视频的目的是特色展示，就需要视频创作者持续生产赋予个性内容的视频作品，树立自己的品牌特色。要想打造极具个性的视频作品，需要主题有创意、内容有新意，并且融入价值情感，这样的作品才能展示自我特色，吸引更多的人关注，赢得更多人的点赞与分享。

以特色展示为目的的视频创作思路如表2-1所示。

表2-1　以特色展示为目的的视频创作思路

特色展示	创作思路
制造美感	无论是人、事物或景色，只要能够给人带来美感，就能给用户带来视觉冲击
展示萌态	具有"萌态"的事物都非常吸睛，可以把这种元素融入视频中，如萌娃、萌宠
治愈元素	在视频中融入打动人心的情感元素，如爱、责任和信任，让人心生温暖，给人治愈感，使用户在观看视频时产生共鸣
非凡技艺	通过视频展示主人公非凡的技艺，体现其专业性和技艺的精湛
正能量	正能量视频能够激励人们奋发向上、坚定信念、努力进取
价值体现	这类视频具有知识性和实用性的特点，主要以价值输出取胜
搞笑娱乐	这类视频的重点在于独特创意，能够赋予个人特色，并给用户留下深刻记忆

例如，展现风景美的旅游视频主打"美"，能够快速吸引用户的眼球，如图2-3所示。

图2-3　展现风景美的旅游视频

2.2　精准定位目标用户

在策划视频内容时，首先要考虑的是用户。只有精准定位目标用户，才能更高效、更准确地策划视频内容。不同类型的视频针对的目标用户也不同，如生活、美食、职场等各个垂直领域都有其特定的用户群体。要想打造出高质量的视频作品，需要在相应的垂直领域深入挖掘用户需求与偏好，描绘用户画像。

↘ 2.2.1　明确用户需求

在策划视频内容前，视频创作者应明确目标用户有哪些方面的需求，从而为视频创作提供思路。对用户来说，基本的需求主要有以下几种。

1. 娱乐需求

网络视频作为新兴的大众传播媒介，是用户获取娱乐资讯、缓解压力、娱乐消遣的主要方式。很多视频平台发展迅速，其主要原因是视频平台提供了大量奇趣精美的视频内容或娱乐名人的带动效应，吸引了大量用户的关注，满足了用户的娱乐需求。

2. 求知需求

网络视频具有传播知识和信息的功能，用户可以通过网络视频获取丰富的知识，内容直观明了，比图文信息更生动形象，可以满足用户的求知需求。

3. 社交需求

如今网络视频可以作为一种社交媒体，满足用户传递所见所闻，分享生活动态的社交需求。除了社交需求外，网络视频还能满足用户自身的渴望，提升用户的归属感，如用户对美食、美景、宠物的喜爱，对亲情、爱情、友情的渴望等。

4. 消费需求

随着时代的发展，许多内容平台与电商平台逐渐走向融合。大部分视频平台除了提供内容以外，还成为电商推广和商品销售的渠道。用户可以一边观看视频，一边完成购物消费。视频内容可以是商品介绍，强调购买价值，指导用户购物，满足用户消费需求。

例如，在策划美食类视频内容时，视频创作者可以从以下几个方面来满足用户的消费需求。

- ●休闲娱乐：展现诱人的食物让用户放松心情，获得感官和心灵的享受。
- ●知识技能：介绍美食的制作方法，让用户学到实用的烹饪技能。
- ●互动交流：引导用户参与互动，评论留言，与其他美食爱好者沟通交流。
- ●指导购物：介绍食材、工具等商品信息，引导用户通过链接或店铺进行购买。

↘ 2.2.2 分析用户特征

想要准确分析用户特征，首先要收集目标用户群体的基本信息，视频创作者可以通过数据统计机构发布的数据报告来收集用户信息。有了用户的基本信息后，就可以分析用户特征，包括年龄、性别、地区分布、教育水平、在线时间等。

1. 确定用户年龄与性别

不同的视频内容，其目标用户的年龄、性别分布也不同，视频创作者要根据内容方向确定用户的年龄与性别。例如，如果想在视频中展示唱歌才艺，视频创作者需要根据自己的唱法、歌曲等考虑视频面向的是哪个年龄段的用户，性别分布如何等，可以搜集一些数据报告，了解最新的统计情况。

一般来说，娱乐新闻、情感话题、美容美妆、时尚穿搭等内容比较受20～30岁女性的喜欢；投资理财、企业管理、政治、军事、体育、运动等内容比较受25～45岁男性的喜欢。

2. 了解用户的地区分布

了解用户群体集中分布的地区有助于总结用户特征，描绘用户画像。视频内容不同，针对的用户群体也不同。

一般时尚、精致、有情调、有诗意的视频内容更容易受到城市人群的喜爱，而粗犷、真实、接地气的视频内容更容易受到乡村人群的喜爱。当然，有很多内容领域的用户地区分布并不是很明显，那些有地域特色的内容领域的用户地区分布会更清晰。

3. 清楚用户的教育水平

在进行用户定位时，用户的教育水平也是重要的考虑因素之一。如果视频创作者打算做脱口秀、搞笑段子，就要先了解用户群体的教育背景、认知水平等，否则视频内容可能会超出他们的认知水平，他们可能根本听不懂，更谈不上点赞关注了。

4. 掌握用户的在线时间

视频创作者要掌握目标用户的在线时间，也就是说目标用户会集中在哪个时间段观看此领域的内容。据相关数据统计，美食、娱乐方面的内容最好选择在每天18:00—23:00之间发布，这个时间段是目标用户最活跃的时段；投资理财类的内容最好选择在每天10:00—13:00之间发布，目标用户人群喜欢在这个时间段观看视频。

↘ 2.2.3 描绘用户画像

通过数据收集与特征分析，视频创作者可以大致描绘用户画像。下面以抖音美妆类账号为例，描绘目标用户画像。

● 性别：女性用户占比90%以上，男性用户占比较低。但是，男性对美容的需求正在逐步提高，有数据显示男士护肤的目标用户群体有望在近几年实现翻倍式增长。

● 年龄：18～24岁用户占比约50%，25岁及以上的用户占比约39%，17岁及以下的用户占比约11%。可以看出，主要目标用户群体年龄集中在18～24岁。

● 地区：江苏、浙江、广东、山东的用户占比较高。

● 活跃时间：主要集中在13:00—24:00。

● 感兴趣的话题：美妆商品推荐内容。

● 关注账号的条件：画面精美，商品适合自己，视频内容优质。

● 点赞及评论的条件：内容有价值、实用性强、能够引发共鸣等。

● 取消关注的原因：内容质量下滑、商品劣质、广告过多等。

● 用户的其他特征：喜欢摄影、旅行等，偏爱富有浪漫气息、品质格调较高的商品。

这是视频创作者初步描绘的用户画像，在后期的运营中，视频创作者可以根据具体情况进行相应的调整。

2.3 策划优质视频选题

在自媒体时代，个人媒体、公众媒体都可以运营媒体账号，其热门领域包括娱乐、时尚、生活、育儿、游戏、情感、影视等。这些领域用户规模大、流量大，但竞争也很激烈，视频创作者要想做出自己的特色，就要实现个性差异化。较小众的领域有历史、科技、财经、职场等，这些领域竞争压力相对较小，目标用户精准，平台资源稀缺，但专业度要求高。

↘ 2.3.1 确定视频选题方向

策划能够吸引用户眼球的选题是创作优质内容的前提。首先要确定网络视频的选题方向，有了方向上的指导，再加上创意性的内容，视频创作者才能创作出受用户喜爱的视频作品。目前，比较常见的网络视频的选题方向有娱乐、生活、美食、科技、人文和商品等，具体说明如表2-2所示。

表2-2 网络视频的选题方向

选题方向	具体说明
娱乐	娱乐类视频非常受欢迎，主要类别有音乐、舞蹈、综艺、体育、游戏、影视剧等
生活	生活类视频主要涉及各种生活技能及日常社交等，主要类别有美妆、穿搭、旅行、健身、萌娃、宠物、生活美学等
美食	美食是网络视频的热门选题，美食类视频能够使人身心愉悦，产生共鸣，主要类别有食谱、养生、特色小吃、厨艺、食材、厨房用品等
科技	科技高速发展，能为视频创作者持续提供新鲜的素材，科技方向的内容很容易吸引用户的关注，主要类别有科技资讯、军工、制造、3C、摄影等
人文	用户对未知的世界、未知的生活都会感到好奇，人文类视频正好能满足用户的这种心理需求，主要类别有情感、励志、剧情等
商品	视频创作者发挥专长，将储备的商品知识持续输出，主要类别有试用体验、商品评测、使用教程、探店等

视频创作者在了解了网络视频的选题方向之后，接下来就要确定适合自己创作的选题。确定网络视频选题方向的方法主要有以下几种。

1. 根据创作目的来确定

有些人组建视频制作团队，批量生产内容，目的是为了获得平台收益，此时可以选择平台中的热门领域，如娱乐、美食、时尚、育儿、情感等领域。有些账号是为了给商品引流，提高商品销量，如果经营婴幼儿商品，就可以选择育儿领域；如果经营餐饮，就可以选择美食领域。

2. 根据专业技能来确定

选题方向尽量与自己的专业技能保持一致，因为在自己擅长的专业领域，视频创作者与用户会有更多的共同语言，会更了解商品背后的供应链，也能更好地把控商品品质。一些优质的网络视频达人都是依靠自身过硬的专业技能，在视频创作方面得以施展才能，凭借优质内容吸引大量粉丝的关注。

3. 根据兴趣爱好来确定

根据自己的兴趣爱好来确定选题方向，是因为人们对自己感兴趣的事情会更有激情，更愿意付出与坚持。此外，视频创作者还可以根据自己的亲身经历来确定选题方向，如旅游攻略、育儿经验等。只要视频创作者分享的内容真实且经得住考验，就容易获得用户的认可与关注。

4. 根据身边的资源来确定

身边的资源是指一切能够在拍摄视频时为视频创作者提供便利的人或事物，这直接关系到视频的拍摄质量。如果有自营服装实体店铺，就可以选择时装领域；如果有美食圈的资源，就可以选择美食领域。总之，视频创作者要学会对身边的资源进行合理利用和有效整合，使其成为辅助视频创作的重要资源。

↘ 2.3.2 遵循选题策划原则

在策划网络视频选题时，视频创作者应当遵循以下基本原则。

1. 以用户为中心

创作网络视频的目的是为了满足用户需求，所以在策划视频选题时，要优先考虑用户的需求和喜爱度，以用户为中心，以用户需求为导向，不能背离用户对视频内容的需求方向，这是保证视频播放量的重要因素。

2. 注重价值输出

网络视频的选题内容应对用户有益，所以视频创作者要选择有价值的干货内容，能够直接触发用户收藏、点赞、评论、转发等行为，促使用户主动分享，扩散传播，从而达到裂变传播的效果。

3. 坚持内容垂直

如果视频创作者确定某一领域后，就不要轻易地转换领域。视频创作者可以在所选领域中做垂直细分，保证内容的垂直度，并提高其在专业领域的影响力，但不能横向多项选择，否则容易造成内容杂乱，目标用户也不精准。视频创作者应在某一领域内长期输出优质内容，这样更容易获得头部流量。

4. 选题互动性强

在策划网络视频选题时，尽可能选择一些互动性强的选题，如热点话题，用户关注度高、参与性强，会被平台大力推荐，从而提升视频的播放量。

5. 紧跟网络热点

在选题内容上，视频创作者应紧跟行业热点或网络热点，才能快速得到大量的流量曝光，这对提升视频播放量和吸引用户都有着非常重要的影响。因此，视频创作者在做常规性的选题之外，还要提升对热点的敏感度，善于捕捉热点，借势热点。

同时，蹭热点也要把握分寸，很多情况下并不是所有的热点（如时政、军事等领域的热点）都可以蹭，只有严格遵守网络视频的管理规范，才能在这条路上走得更远。

6. 规避敏感词汇

在策划视频选题或者命名视频标题时，有时为了提高视频点击率和播放量，有些视频创作者可能会使用一些网络热词，或过于夸张，或涉及敏感词汇，最终可能导致审核不过关或者被限流。因此，视频创作者要及时了解国家政策导向和平台出台的相关管理规范，规避敏感词汇，以防触发敏感词汇而导致违规。

↘ 2.3.3 找准选题的切入点

同样的选题，为什么有的视频能成为爆款，而有的却几乎无人观看，关键在于找准选题的切入点。如果切入点新颖、恰当，就能趁机制造话题爆点，从而超越同类视频，脱颖而出。

当确定一个选题后，首先要设想同类视频创作者会怎么做，预测他们会用怎样的形式展示选题，然后自己从另外的角度寻找不一样的切入点，最好列出3～5个切入点，从中找到最佳方案。不一样的切入点可以避免视频内容同质化，能给用户带来耳目一新的感觉。

找准选题切入点的方法主要有以下几种。

1. 讲故事

很多选题都可以采用讲故事的切入方式来表达视频创作者的观点。讲故事就是用故事思维来看待问题，与用户沟通，向用户传递价值。当视频创作者通过各个渠道获取选题方向，产生创作灵感后，可以先设想一下，用讲故事的形式表达内容用户是不是更容易接受，自己站在用户的角度，如果感觉很新颖，别具一格，就可以以故事为切入点来构思内容。

以故事为切入点时，需要注意以下两点。

●当以故事为切入点时，必须有具体的人物、事件、场景，通过讲述真实的故事代入情境，增强说服力。

●要秉承"一近一远"原则，"一近"即身边的家人、朋友、同事等，以他们的故事为切入点；"一远"即以历史事件、名人轶事等众所周知的故事作为切入点。讲故事必须以用户的认知为基础，用户听得懂，故事才有价值。

2. 设置悬念

确定选题后，视频创作者可以通过设置悬念来切入主题，而不是平铺直叙地直接给出答案。设置悬念就是采用倒叙的方式层层揭秘，更能激发用户的好奇心，吸引用户完整地观看视频。

3. 提出问题

视频创作者还可以通过提出问题来切入主题，这样能够轻松地将用户代入提前设置的思考路径，引起用户的重视与思考，并且用户也愿意带着探究的心理寻找问题背后的答案。确定选题后，视频创作者要善于利用逆向思维，多问几个为什么，采用疑问的方式展开选题内容，让用户跟随问题一步步地寻找答案。

4. 谈论情怀

通常情况下，情怀是指对某种事物、经历或文化的热爱、感慨、思考和追求，是一种内心的情感体验和认同感。谈论情怀在这里可以理解为表达情感，视频创作者以谈论情怀作为切入点，可以找到触动用户内心深处的力量，以真实的情感将用户代入视频中，从而拉近与用户的距离，这样更容易建立信任感。

5. 权威解读

权威解读就是利用自身过硬的知识背景、专业水平或从业经验切入主题，围绕具体的问题给出自己的答案。采用权威解读的切入方式，可以过滤掉很多看似热门实则与自己无关的内容，视频创作者应专心在自身领域耕耘，这样更能赢得用户的信任。

6. 反"权威"解释

与权威解读中的自身先天优势背景不同，反"权威"解释就是换一种思维找到解决问题的方法。换一个角度看待问题，提出不一样的观点、看法与见解，在相同内容饱和的前提下不至于出现内容无人问津的尴尬，也会因为独特新颖的解读获得用户的青睐。

7. 示范效果

以示范效果切入就是视频创作者结合自身的定位，以亲身经历、测验、示范等方式展开内容，向用户传递有价值的信息，吸引用户的兴趣，引导用户下单购买。这种切入主题的方式可以通过视觉来呈现，能够帮助用户更好地做出选择。

例如，美妆类视频创作者经常采用示范效果的方式切入主题，示范效果将用户最关心、最有需求的内容展现在用户眼前，以鲜明的视觉效果打动用户。无论示范何种效果，视频创作者都要秉持客观、公正的态度，为用户提供有价值的参考依据。

2.4　做好视频内容策划

网络视频内容策划非常重要，这关系到视频的顺利拍摄和播放效果。视频创作者首先要明晰网络视频的内容规范，以及各平台对视频内容的基本要求，明确用户感兴趣的视频主题，选择适合的视频展现形式，才能确保网络视频的顺利拍摄，才能得到良好的播放效果。

↘ 2.4.1　明确视频内容主题

创作网络视频时，视频创作者首先需要明确内容主题，就像写一篇文章，如果主题不明，文章的辞藻再华丽也是没有灵魂的。策划视频内容时，视频创作者要以自己独特的视角，明确地表达自己的观点，突出主题，这样才能吸引目标用户的关注。

明确网络视频的内容主题时，需要考虑以下几个方面。

1. 借鉴同行经验

在明确视频的内容主题之前，视频创作者最好先进行市场调查与研究分析。搜集那些受到用户欢迎的视频，反复观看并分析视频主题，找出其亮点及独特之处，取他人之长，补己之短，借鉴同行的成功经验来模仿实践。需要注意的是，模仿不等于照抄，要融入自己的创意，表明自己的态度与观点，尽量避免选择冷门主题。

2. 迎合用户需求

网络视频是否被用户接受和喜爱，与主题有着极大的关系。网络视频所表达的主题能够迎合用户的需求，才能激发其观看的欲望，从而吸引更多的粉丝，获得更大的流量。

因此，视频创作者要积极关注用户的喜好，从自身到一切外部渠道都要有意识地去挖掘用户的核心需求。站在用户的角度，沿着用户的行为路径，分析并感受用户的想法和思路，针对用户所做事情的某个环节来思考他们可能会遇到的问题，以及如何为用户解决这些问题等。

3. 增强内容互动

创作视频时，视频创作者可以选择一些新颖的主题，采用引导参与的形式达到良好的交互效果。例如，"变废为宝"这个主题可以教人们将家中闲置的物品改成流行、实用的物品，这种实用技巧类的视频更容易与用户互动。除了设计视频内容的交互式主题外，还可以设计一些要点供用户参与讨论，提出问题后引导用户留言评论。

4．体现个人特色

视频创作的主题最好符合自己的兴趣爱好，因为在自己擅长的方面更容易做出特色，形成自己的标签，既有利于树立与发展个人品牌，也能给自己提供源源不断的创作动力，激发更多的创意和灵感，使作品主题充分展现个人特色，加深用户对作品的印象，吸引更多用户的关注。

↘ 2.4.2　明晰视频内容规范

随着互联网技术的迅猛发展，网络视频迅速崛起，各类平台层出不穷，充分满足了人们休闲娱乐的需求。在这些平台给人们的休闲娱乐带来利好影响的同时，我国相关部门也强化了对网络视频平台的法律监管，确保网络视频平台在进行网络视频传播的过程中，能够充分契合社会责任意识的要求，在法律允许的范畴内进行网络视频内容的创作与传播。

1．视频内容管理规范

2017年6月30日，中国网络视听节目服务协会发布了《网络视听节目内容审核通则》（以下简称《通则》），旨在进一步指导各网络视听节目机构开展网络视听节目内容审核工作，提升网络原创节目品质，促进网络视听节目行业健康发展。

《通则》针对的网络视听节目包括网络剧、微电影、网络电影、影视类动画片、纪录片，文艺、娱乐、科技、财经、体育、教育等专业类网络视听节目，以及其他网络原创视听节目。

《通则》确立了两大内容审核原则，即先审后播和审核到位，具体审核要素包括政治导向、价值导向和审美导向，以及情节、画面、台词、歌曲、音效、人物、字幕等。《通则》中的每一条都详细列举了各项禁止内容。

2019年，中国网络视听节目服务协会发布了《网络短视频平台管理规范》《网络短视频内容审核标准细则》，规范了网络视听平台的管理和内容审核制度，在一定程度上促进了短视频行业的健康发展。

2021年，国家广播电视总局发布了《广播电视和网络视听"十四五"发展规划》《广播电视和网络视听"十四五"科技发展规划》，鼓励开拓短视频、网络直播等新兴媒介传播方式，提升内容质量。

2021年12月，中国网络视听节目服务协会对《网络短视频内容审核标准细则》进行了修订，对短视频节目及其标题、名称、评论、弹幕、表情包等，其语言、表演、字幕、画面、音乐、音效中不得出现的具体内容做出规定，特别提出视频创作者未经授权不得自行剪切、改编电影、电视剧、网络影视剧等内容，对二创类短视频作品进行了规范。

2022年，中央网信办、国家税务总局、国家市场监督管理总局开展"清朗·整治网络直播、短视频领域乱象"专项行动，聚焦各类网络直播、短视频行业乱象，在鼓励短视频行业发展的同时继续加强管理规范。

网络视频内容的管理规范有利于规范网络视频传播秩序，提升网络视频内容质量，促使网络视频平台提供更多符合主流价值观的作品。

2．网络视频内容的基本要求

网络视频管理规范要求视频创作者牢固树立精品意识，专注提升视频内容品质，提高原创能力，努力传播思想精深、艺术精湛、制作精良的优秀作品。

网络视频内容的基本要求如表2-3所示。

表2-3 网络视频内容的基本要求

基本要求	说明
创意性	视频内容应构思独特，视角新颖，让人耳目一新。内容创意性是影响用户是否观看的关键因素
知识性	视频内容应有价值，看完后能够让人们学到相应的知识。无论是科普类视频，还是教育类视频，实用性较强的干货知识很重要
专业性	在选题领域中视频内容见解有深度，主张观点能够说服众人
娱乐性	视频内容应生动有趣，可以以娱乐的形式来展现，能够带给用户放松、愉悦的感官享受
情感性	视频内容应具有情感性，能够真实地表达视频中人物的情感
整体性	视频内容应表述清晰、完整，主题突出，观点鲜明
健康性	视频内容应积极向上，充满正能量，保证视频的健康性，不违背规范要求

网络视频应传播当代中国价值观念、体现中华文化精神、反映中国人的审美追求，有正能量、有感染力，融思想性、艺术性、观赏性于一体，才能得以顺利发展，才能吸引用户，赢得未来。

总体来说，对网络视频质量的基本要求如下。

（1）视频主题

视频内容与标题匹配，主题明确，目标用户精准，能传递给用户某种价值。

（2）视频时长

短视频的时长最好控制在5分钟之内，网络视频则无强制要求。

（3）视频版权材料

无第三方版权的素材，视频创作者最好保留原件。

（4）视频传输

如果视频内容所用的不是普通话，如外语、方言等，则需要添加字幕。如果背景音乐与主音频混合，则必须添加主音频字幕。

（5）视频体验

视频中不能出现影响用户观看体验的可见黑边或其他障碍物。拍摄时还应杜绝无主题、无重点、影响用户观看体验的画面。

（6）视频画面

视频画面要清晰，清晰度通常不得低于1080p，无跳帧、掉帧、黑屏、卡屏等现象；视频声音清晰可听，无杂声、噪声等，且声画同步，如果需要渲染气氛可以添加背景音乐，总之要保证用户看得清、听得懂。

（7）视频比例

需要发布的视频应为9：16的竖频视频、16：9的横屏视频或1：1的方屏视频。

（8）视频格式

视频格式主要有以下类型。

在线流媒体格式：MP4、FLV、F4V、WEBM；

移动设备格式：M4V、MOV、3GP、3G2；

RealPlayer：RM、RMVB；

微软格式：WMV、AVI、ASF；

DV格式：DIV、DV、DIVX；

其他格式：VOB、DAT、MKV、LAVF、CPK、DIRAC、RAM、QT、FLI、FLC、MOD。

（9）专业要求

视频中如果有来自法律、金融、医学等行业的专家出镜，应在视频开头的5秒内说明专家背景。如果视频封面有专家的形象和职称，可以公开专家的姓名和资质。

2.4.3　预定视频播放时长

随着网络视频的发展，在短视频领域，用户的需求也在不断变化。最初15秒的视频由于内容同质化严重，信息容量有限，为了适应用户需求新变化，许多视频平台延长了短视频的时长。例如，抖音从最初的15秒到1分钟，再到5分钟甚至更长，目前很多剧情类短视频或Vlog视频其时长都在3分钟以上，未来抖音会向中视频或长视频方向发展。

预定视频播放时长时，一般需要依据网络视频的类型、选题与内容等来确定，不同的类型、选题与展示形式，其播放时长也有所差异。

根据播放时间的长短，通常将网络视频分为长视频、短视频和中视频。长视频，又称综合视频，主要指网络剧、网络综艺和网络电影等，时长一般在30分钟以上；中视频的时长一般在5分钟到30分钟；短视频的时长一般控制在5分钟以内。

根据视频选题来确定时长。研究机构调查数据显示，穿搭类的视频时长最短，剧情类的视频时长较长。穿搭类视频时长越短越容易把控，关注度越高，点赞量也就越多；汽车类视频如果能加上故事情节，则更容易吸引用户关注；美妆类视频点赞量受时长的影响较小，无论时间长短都能获得不错的点赞量；剧情类视频时长普遍较长，但并不是时长越长点赞量越多，许多剧情短视频播放效果也不错。

目前是短视频与长视频共存的时代，短视频适合在移动终端上观看，适合碎片化时间消费；长视频适合在PC端上观看，更适合沉浸化时间消费。视频创作者在创作短视频时要注意提高信息浓度，把握内容节奏，去掉无关信息，保持合适的时长；在创作长视频时，视频内容应侧重考虑科普、教育、综艺娱乐、Vlog等，因为这些领域的内容创作起来会更有优势。

2.4.4　构建视频内容结构

在拍摄视频之前，视频创作者要先构建视频内容结构，做好内容构思，这样有利于视频的顺利拍摄。以短视频为例，短视频创作通常采用三段式结构，即开场、主体和结尾，其构思内容与策划方法如表2-4所示。

表2-4 短视频的内容结构

结构框架	构思内容	策划方法
开场	开场要简洁明了，重点前置，吸引用户的注意，满足用户在某些方面的期待，让用户在最短的时间内感受到视频的观看价值	揭示主题、设置悬念、抛出问题、结果前置等
主体	主体内容要求逻辑清晰、主次分明，突出主题，内容有趣，情节起伏，感染力强	制造冲突、巧设转折、设置高潮等
结尾	视频结尾要注意引发互动，引导用户互动评论；适当留白，给用户留下想象的空间；引发共鸣，激发用户表达的欲望	引导互动、开放式结尾、升华主题等

2.5 确定视频展示形式

网络视频的展示形式丰富多样，主要有图文形式、录屏形式、解说形式、动画形式、情景剧形式和Vlog形式等。

↘ 2.5.1 图文形式

图文形式是网络视频最简单、成本最低的展示形式之一。这种形式是把要展示的内容拍成照片，然后用视频制作工具把所有照片按照一定的顺序制作成视频，并配以语音和文字，形成视频内容。这种方式虽然制作流程简单，容易操作，但如果图片选择不当，就会导致呈现出来的视觉效果较差，容易让人感觉枯燥。

这种视频一般没有主人公，就是简单地把要表达的信息以文字的形式放在照片或视频中，以传递价值观或展示情感。在抖音、快手等平台上，有许多以图文拼接形式展示的火爆视频。例如，影视剧经典片段的截图，励志类或经典情感类的语句，配上合适的音乐，就会吸引不少粉丝围观，如图2-4所示。不过图文形式变现能力较差，没有人设，难以植入商品，不太容易让人产生信任感。

图2-4 图文形式

↘ 2.5.2　录屏形式

录屏形式的视频多出现在教学类视频或实操类视频中，就是通过录屏软件把计算机上的一些操作过程录制下来，在录制过程中可以录音，最终将录制的内容导出为视频格式的文件。

例如，一些教学课件或操作说明等经常采用这种形式（见图2-5），一些游戏解说类或电子竞技类视频也是通过这种形式来传达信息的。录屏形式有助于视频创作者实时地将正在操作的内容记录下来，进而完成教辅、讲解等目的。

这种形式不用真人出镜，视频素材也谈不上特别精美，但会吸引很多喜欢的人观看学习，从而体现视频内容的价值。不过，此类视频不容易获得平台的推荐。

图2-5　录屏形式

↘ 2.5.3　解说形式

解说形式是网络视频运用较多的一种展示形式，是由视频创作者搜集视频素材并进行剪辑加工，然后配上片头、片尾、字幕和背景音乐等，最重要的是自己配音解说。优质的解说视频可以申请视频原创，但平台会对解说视频中的一些素材进行审核，搜集的素材很容易被审核为重复视频，不容易获得平台的推荐。

解说视频重点考验视频创作者的选题、剪辑和配音水平，所选择的素材要适合所选的视频领域，这样才能获得平台的推荐，吸引更多粉丝的关注。解说视频通过声音的传递和直观画面的吸引，很容易带动用户的情绪，达到与用户心灵沟通的效果，如图2-6所示。

图2-6　解说形式

↘ 2.5.4　动画形式

很多视频创作者会采用动画形式来展示视频内容，可爱的动画形象很容易受到用户的关注和喜爱，从而提升视频的播放量，如图2-7所示。

图2-7　动画形式

动画形式的视频降低了动画的制作成本，而且不断更新、碎片化的发布方式让动画形象陪伴用户一起成长，增强了用户对动画形象的信赖感和亲切感，用户黏性很强。

↘ 2.5.5　情景剧形式

情景剧形式就是通过表演把想要表达的核心主题展现出来。此类视频创作较难，成本也较高，通常需要演员来进行表演。前期需要准备脚本，设计拍摄场景，进行专业拍摄，后期还要进行视频剪辑等。

情景剧视频一般有情节、有人物、有场景，能够清晰地表达主题，很好地调动用户的情绪，引发情感共鸣，所以能够在短期内快速积累粉丝。

例如，抖音账号《名侦探小宇》《名侦探步美》发布的视频就属于情景短剧，其视频剧情能够带给用户跌宕起伏的感觉，能够充分调动用户的情绪，吸引用户持续观看，如图2-8所示。

图2-8　情景剧形式

↘ 2.5.6　Vlog形式

Vlog即视频博客，是目前比较火的一种视频形式，尤其是喜欢出游的年轻人，拍Vlog是他们记录旅行的重要方式。随着网络视频的发展，越来越多的人开始拍摄自己的Vlog，就像写日记一样，只不过是以视频的形式来展现的。

例如，旅游博主"木齐"就是以Vlog的形式来展现旅途风景，如图2-9所示。相比于传统记录生活的Vlog，这些视频创作者所拍摄的Vlog已经逐渐向微电影过渡。他们制作的视频不仅具有超高的画质、丰富的镜头剪辑手法，还有非常成熟的视频拍摄构思，而这些都是微电影的显著特点。

图2-9　Vlog形式

2.6　撰写视频脚本

脚本通常是指表演戏剧、拍摄电影等所依据的底本或书稿的底本。视频脚本是指拍摄视频时所依据的大纲底本，它体现的是视频内容的发展大纲，对故事发展、节奏把控、画面调节等都起着至关重要的作用。

↘ 2.6.1　明晰视频脚本的撰写思路

撰写视频脚本时，视频创作者要有一个大致的思路，如内容主线、场景选择与布置、镜头的运用、时间的控制等。视频脚本的撰写思路因人而异，一般撰写脚本的思路如下。

1.　确定主题

无论哪种类型的视频，都必须要有一个主线，否则东拼西凑制作出来的视频很难引起用户的观看兴趣。视频创作者首先要确定拍摄方向，是制作美食、展现日常生活，还是记录职场经历等，确定视频的核心内容，然后围绕核心内容进行创作。例如，拍摄旅行风光，展现日出美景，视频创作者就可以创作一条以不同地域的日出作为主线的视频。

2. 搭建框架

搭建框架就是为视频脚本的内容进行总体规划，确定视频的内容结构。例如，设计视频开头、过程和结尾等环节，各个环节主要展示哪些内容，包括人物关系、事件过程等。

3. 寻找素材

对新手视频创作者来说，确定主题后要搜集大量的视频素材，记录这些视频素材哪些画面具有视觉冲击力，哪些画面能打动人，并将这些关键信息进行梳理。视频创作者要借鉴优秀视频的优点，再结合自己的创作灵感，对所要创作的视频有一个整体的规划。

4. 确定要素

视频创作者要提前确定好拍摄时间、拍摄地点和拍摄参数等要素，然后根据视频主题确定内容表现元素，包括人物、场景、事件、镜头运用、景别设置、内容时长和背景音乐等，并在脚本中进行详细的规划和记录。

5. 添加细节

添加细节就是在视频脚本中加入机位、台词、布光和道具等内容，以提升视频拍摄的效率。细节处理得当能让视频内容更具感染力，代入感更强，更容易激发用户的情感共鸣。

↘ 2.6.2　撰写拍摄提纲脚本

拍摄提纲脚本是指网络视频的拍摄要点，只对拍摄内容起到提示作用，无法提供精确的拍摄方案，适用于一些不易掌握和预测的内容，如街头采访、美食探店、景点探访或讲解等纪实拍摄类内容。

如果拍摄的网络视频存在诸多不确定性因素，就需要视频创作者提前将预期拍摄的要点逐一列举出来。在拍摄视频时，有的场景无法预先进行分镜头处理，视频创作者就要抓住拍摄要点并撰写拍摄提纲脚本，在拍摄现场灵活处理。

撰写拍摄提纲脚本主要分以下几步，如图2-10所示。

选题阐述：明确创作方向　①　② 视角阐述：阐述选题角度

体裁阐述：阐述创作手法　③　④ 风格阐述：呈现作品构图和画面风格

内容阐述：拍摄内容逻辑清晰　⑤　⑥ 细节完善：补充解说、配音等

图2-10　撰写拍摄提纲脚本的基本步骤

下面举例说明，《烧鹅美食制作》拍摄提纲脚本，如表2-5所示。

表2-5　《烧鹅美食制作》拍摄提纲脚本

项目	内容
主题	有故事的美味
视角	山坡上抓鹅、院落洗鹅、厨房备菜、大锅炖鹅、餐桌食用

项目	内容
体裁	美食制作教程
风格	情感+美食，三位真人出镜演员，其中两人相互配合完成烧鹅美食制作，采用对话的形式，构图主要为九宫格构图或中心式构图，充分利用自然光线，以平角拍摄为主
内容	场景一：主人同朋友对话； 场景二：两人在山坡上抓鹅，鹅在前面跑，两人在后面追； 场景三：主人在院中水池里用自来水仔细洗鹅； 场景四：进入厨房，朋友剁鹅、切菜、调汁，主人发朋友圈"炖大鹅了，真开心"，开始烧火； 场景五：大鹅炖好后，端上餐桌，开始食用； 场景六：又来一位朋友，三人一边聊天一边吃大鹅
细节	以柔和的、慢节奏的歌曲作为背景音乐，配合色彩鲜艳的画面，给人一种色、香、味俱全的感觉，让人看了就有食欲

⬊ 2.6.3 撰写分镜头脚本

分镜头脚本主要是以文字的形式直接表现不同镜头的视频画面。分镜头脚本的内容更加精细，能够表现视频创作者在前期构思时对视频画面的构想，可以将文字内容转换成用镜头直接表现的画面。

分镜头脚本是视频的总体设计和拍摄蓝图，视频创作者不仅要对视频所有镜头的变化和连接进行设计，还要对每一个镜头的声音、时间等所有构成要素做出精准的设定。分镜头脚本撰写起来比较耗时费力，对画面要求较高，故事性很强，适用于剧情类视频的创作。

分镜头脚本主要包括以下内容。

- 将文字脚本的画面内容加工成一个个具体、形象、可供拍摄的画面镜头。
- 确定每个镜头的景别，如远景、全景、中景、近景、特写等。
- 把需要拍摄的镜头排列组成镜头组，并说明镜头组连接的技巧。
- 用精练、具体的语言描述要表现的画面内容，可以借助图形、符号来表达。
- 撰写相应镜头组的解说词。
- 写明相应镜头组或段落的音乐与音响效果。

撰写分镜头脚本时，通常可以将涉及的项目制作成表格的形式，然后按照视频的成片效果将具体的内容填入表格中，以供拍摄和后期剪辑时参照。

分镜头脚本主要包括镜号、景别、时长、画面内容、台词、音效等项目，具体项目要根据情节而定。表2-6所示为《宝贵的一票》分镜头脚本。

表2-6　《宝贵的一票》分镜头脚本

镜号	景别	时长	画面内容	台词	音效
1	远景	3秒	一个宽阔的比赛舞台，多位选手参加比赛		快进播放选手唱歌的声音
2	近景	2秒	一曲唱定，选手甲全身出汗，站在舞台中央，沉醉在掌声中	谢谢	观众掌声雷动
3	中景	3秒	主持人站在舞台中央，用激动人心的语气宣布	好了，激动人心的时刻到了，请观众朋友为喜爱的选手投票	观众的欢呼声（背景音，声音小于主持人的声音）
4	近景	2秒	选手甲看着主持人，露出志在必得的神情	（主持人）现在请选手发言，为自己拉票	
5	近景	3秒	选手甲用铿锵有力的声音进行拉票	观众朋友们，这是我第一次在节目上进行表演，希望大家能喜欢我的作品，请大家为我投上宝贵的一票	
6	特写	2秒	观众拿起手里的投票器，按下数字（具体什么数字看不清楚）		紧张、悬念的音效
7	近景	3秒	选手甲背后的大屏幕出现投票数字，这时他转过身去		观众席传来一阵嘘声
8	特写	2秒	大屏幕上出现了一个硕大的数字"1"		
9	近景	2秒	选手甲目瞪口呆，喃喃说道	真是宝贵的一票啊	

2.6.4　撰写文学脚本

文学脚本是专门为拍摄视频而写作的"母本"，以文字形式讲述视频内容、人物形象，其注重强调造型和动作，还注重画面和声音的有机结合。文学脚本要求视频创作者列出所有可能的拍摄思路，但不需要像分镜头脚本那样细致，只规定视频中人物需要做的任务、说的台词、所使用的摄法技巧和视频时长即可。简单地说，文学脚本需要表述清楚故事的人物、事件、地点等。

一个优质的文学脚本，特别是剧情类的文学脚本，需要符合的基本要求是时间和空间集中，矛盾冲突尖锐，人物性格典型，故事结构紧凑。

视频创作者在撰写文学脚本时，需要注意以下几点。

（1）在故事结构上，要根据人物的矛盾冲突安排事件的发生、发展、高潮和结尾的进程变化，在高潮部分要安排最吸引人、最重要的内容。

（2）每一幕、每一场都要明确，日景、夜景，室内、室外要合理分配。

（3）通过视频中人物的对话、独白等语言或台词，以及人物的表情、动作和有关时间、地点、服装、道具、布景等细节，塑造鲜明的人物性格和形象。

当然，文学脚本除了适用于剧情类视频外，也适用于知识教学类、评测类等视频，如表2-7所示。

表2-7　《荣耀X50摔机评测》文学脚本

内容框架	镜头画面	台词框架
引入主题	博主手持手机描述（适当时候贴上昆仑玻璃和荣耀X50的认证说明）；博主拿出荣耀X50	手机厂商在宣传上有多卖力：昆仑玻璃官宣获得全球首个SGS五星级抗摔认证，而荣耀X50也是全球首个SGS整机五星耐摔认证，不同的是加了"整机"两个字，昆仑玻璃十倍抗摔，荣耀X50十面耐摔，"十倍"和"十面"一字之差，这意思可就不一样了，像极了"6·18"手机厂商的战报，加一个定语，家家都能拿销冠。那么，荣耀X50到底硬不硬呢
玻璃莫氏硬度测试1	用硬度笔在手机屏幕上划，肉眼观察划后的结果，然后展示显微镜下的抗划等级结果；呈现不同手机抗划等级对比表	我们直接进入主题，玻璃莫氏硬度测试，一共9级莫氏硬度，用不同等级的硬度笔轻划玻璃表面，就能得到玻璃大概的抗划等级，因为玻璃比较反光，所以看不清楚结果，在显微镜下得知，荣耀X50的玻璃抗划等级为5～6级。5级划痕轻微，6级过后划痕依次加深，从测试结果来看，接近一加Ace2的AGC玻璃
玻璃莫氏硬度测试2	展示荣耀X50的后盖及其抗划等级	再来测试后盖，一开始我们以为它的后盖是玻璃材质，在轻划时软绵绵的，后来才知道它是塑料材质，不过观感上能做出类似玻璃的效果，还是不错的；后盖的抗划等级是3～4级
跌落测试开始	展示做跌落测试时使用的两台荣耀X50	下面是跌落测试环节，使用两台荣耀X50进行测试，高度固定为1.8米，跌落材质有木地板、大理石和花岗岩，这些都是日常生活中接触比较多的材质，我们直接开始吧！注意，视频内容仅代表我们的测试流程，无论测试的结果如何，仅供参考
跌落测试1：木地板	展示不同角度的荣耀X50跌落到木地板的状态	

续表

内容框架	镜头画面	台词框架
跌落测试2：大理石	展示不同角度的荣耀X50跌落到大理石的状态	
跌落测试3：花岗岩	展示不同角度的荣耀X50跌落到花岗岩的状态	
跌落测试完成	博主手持荣耀X50测试手机	18次跌落下来，两台手机的屏幕都完好无损，拿到了我们跌落测试的满分成绩。是不是拿到了满分成绩测试就通过了呢？我们还要进行终极测试——马路石材
终极测试1	在测试设备下方放置马路石材并设置不同的跌落高度	这种石材在户外随处可见，表面是凹凸不平的，任何玻璃撞到它都会碎掉，我们设置4个高度，分别是0.8米、1.2米、1.5米和1.8米，每上升一次对手机都是很大的挑战
终极测试2	展示两台荣耀X50从不同高度掉到马路石材的状态	样本2率先出局，1.2米时屏幕碎裂，样本1通过1.2米的高度测试，冲刺1.5米的高度
终极测试3	展示样本1从1.5米的高度跌落到马路石材的状态	在1.5米的高度，样本1屏幕碎裂，本次测试结束
总结	展示之前满分机型的测试过程；最后展示博主手持荣耀X50面对镜头讲解的画面	好，我们总结一下，荣耀X50在我们多样本测试环节中，拿到了103分的高分成绩，屏幕的分数可以参考之前测试的满分机型，与华为P60Pro、一加Ace2等类似的抗摔能力，不过荣耀X50机身的重量在200克左右，显然它们跌落的力量是不同的，所以和旗舰机比都是100分。这就是本期荣耀X50的测试报告，它是不是十面抗摔我不知道，那是官方加的定语，但按照我们测试的标准来看，耐摔等级可以是一个优秀等级

课后实训：策划剧情类视频内容

1. 实训目标

掌握视频内容策划的方法。

2. 实训内容

4人一组，以小组为单位，策划一则剧情类视频内容。首先定位目标用户，策划选题，然后进行内容策划，并根据策划内容选择恰当的内容展示形式，最后撰写出网络视频脚本。

3. 实训步骤

（1）定位目标用户，讨论策划选题

明确视频创作目的，精准定位目标用户，并讨论确定视频选题。确定选题方向，找准切入点。

（2）策划视频内容

策划视频内容，确立主题，并构建内容结构，初步预定视频播放时长。

（3）确定视频的展示形式

分析讨论视频的各种展示形式，确定最适合剧情类视频传播的形式。

（4）撰写视频脚本

把握撰写视频脚本的思路，根据剧情起伏、场景变换等撰写拍摄提纲脚本。

（5）实训评价

进行小组自评和互评，撰写个人心得和总结，最后由教师进行评价和指导。

课后思考

1. 简述在做目标用户定位时用户的需求。
2. 简述视频展示形式。
3. 简述切入视频选题的方法。

第 3 章 技能准备：积累视频创作技能

【知识目标】

● 掌握视频画面景别与景深的设计方法。
● 掌握视频画面构图的要求与方式。
● 掌握运用不同光线拍摄视频的技巧。
● 掌握各种运动镜头的运用方法。
● 掌握镜头组接的基本原则与转场方式。

【能力目标】

● 能够根据拍摄需求设计景别与景深。
● 能够灵活运用视频画面的构图方式。
● 能够在视频拍摄中恰当地运用光线。
● 能够在视频拍摄中灵活地运用运动镜头。
● 能够根据情节需要选择不同的镜头组接与转场方式。

【素养目标】

● 弘扬工匠精神，注重精雕细琢，精益求精，打造精品。
● 培养审美能力，创作集思想性、艺术性、观赏性为一体的优质作品。

　　要想顺利完成视频拍摄工作，提升视频的吸引力和感染力，创作优质的视频作品，创作者需要掌握景别、景深、构图、光线、运镜、转场的设计与运用，用生动形象的画面、富有情绪的表达感染观众，给观众留下深刻的印象。本章将介绍拍摄网络视频的必备技能，其中包括视频画面构图、不同光线的运用，以及运动镜头的运用和镜头组接与转场等知识。

3.1 设计景别与景深

在视频拍摄过程中，创作者合理地设计景别和景深，能够突出画面的被摄主体，使画面层次更清晰，同时增强观众的视觉感受。不同的景别具有不同的表现内容和表现功能，其不仅能表现被摄主体在画面中的大小和范围，还能形成一定的视觉节奏和韵律，影响整个视频的节奏。通过设计景深，可以让画面局部虚化模糊，实现画面元素的简化，让被摄主体更加突出。

↘ 3.1.1 设计视频画面景别

景别是指被摄主体在画面中所呈现的范围大小。景别的大小是由被摄主体与摄像机的拍摄距离决定的，拍摄距离越远，景别越大；拍摄距离越近，景别越小。

根据景距与视角的不同，景别一般分为以下几种。

● 极远景：极遥远的镜头景观，人物小如蚂蚁，如图3-1所示。

● 远景：较远的镜头景观，人物在画面中只占很小的部分，如图3-2所示。远景具有广阔的视野，常用于展示事件发生的环境、规模和氛围，例如，表现开阔的自然风景、城市景观等，重在营造氛围，抒发情感。

图3-1　极远景

图3-2　远景

● 大全景：包含整个被摄主体及周遭大环境的画面，通常用于拍摄视频作品的环境介绍，如图3-3所示。

● 全景：拍摄人物全身或较小场景全貌的视频画面，画面中的人物不允许"顶天立地"，要留有一定的空间。全景通常用于表现人物全身形象或某一具体场景的全貌，如图3-4所示。

图3-3　大全景

图3-4　全景

●**中景**：俗称"七分像"，指拍摄人物小腿以上部分的视频画面（见图3-5），或者用于拍摄与此相当的场景的视频画面，是表演性场面常用的景别。

●**近景**：指拍摄人物胸部以上的视频画面，有时也用于表现景物的某一局部。近景通常用于表现人物表情，如图3-6所示。

图3-5 中景

图3-6 近景

●**特写**：指在很近的距离内拍摄，通常以人物肩部以上的头像为取景参照，突出强调人物的某个局部（见图3-7），或相应的物体细节、景物细节等。

●**大特写**：又称"细部特写"，指突出头像的局部，或身体、物体的某一细节部分，如眉毛、眼睛、手等，如图3-8所示。

图3-7 特写

图3-8 大特写

在视频的拍摄过程中，中景、近景、特写最为常用，极远景、远景、全景次之。

↘ 3.1.2 设计视频画面景深

景深是指被摄主体影像纵深的清晰范围，也就是说，以聚焦点为标准，聚焦点前景物清晰的这一段距离加上聚焦点后景物清晰的这一段距离就是景深。景深能够表现被摄主体的深度（层次感），增强画面的纵深感和空间感。景深分为深景深、浅景深，深景深的背景清晰，浅景深的背景模糊。

使用浅景深模糊的背景，可以有效地突出被摄主体，如图3-9所示。在拍摄近景和特写时，通常会采用浅景深，这样能够将被摄主体和背景剥离开来。只有被摄主体清晰，才能吸引观众的目光，例如，拍摄人像、静物、花草等题材时，选择用大光圈进行拍摄，可以让创作者轻松拍出"前清后朦"的浅景深效果，通过虚化的背景来凸显被摄主体。

深景深能够起到交代环境的作用，说明被摄主体与周围的环境及光线之间的关系。

在拍摄风光、大场景、建筑等题材时，使用小光圈进行拍摄，背景会很清晰，能够很好地展现画面的层次，如图3-10所示。

图3-9　浅景深　　　　　　　　　　　　图3-10　深景深

影响景深效果的三个要素，即光圈、焦距和拍摄距离。

- 光圈越大，景深越浅；光圈越小，景深越深。
- 焦距越长，景深越浅；焦距越短，景深越深。
- 被摄主体越近，景深越浅；被摄主体越远，景深越深。

这三个要素对控制景深程度的影响从大到小依次为光圈、焦距、拍摄距离。其中，光圈和焦距取决于镜头的基本属性，拍摄距离不受镜头硬件条件制约，但依然受到镜头最近对焦距离的限制。因此，创作者要想获得某个镜头的最浅景深效果时，需要选择其最大光圈、最长焦距，并尽可能靠近被摄主体进行拍摄。

3.2　设计画面构图

构图能够创造画面造型，表现节奏与韵律，是视频作品美学空间性的直接体现，有着无可替代的表现力，其传达给观众的不仅是信息，同时也是一种审美情趣。在视频拍摄构图过程中，既要遵循一定的原则，又要根据被摄主体及创作者想表达的思想情感采取不同的构图方式，这样才能拍摄出优秀的视频作品。

3.2.1　视频画面的构成要素

视频画面构成的基本要素包括被摄主体、陪体和环境。

1. 被摄主体

被摄主体就是创作者要表现的主要对象，既是内容表现的重点，也是视频主题的主要载体，同时还是画面构图的结构中心。被摄主体可以是某一个拍摄对象，也可以是一组拍摄对象；可以是人，也可以是物。例如，在图3-11所示的画面中，被摄主体是一只蜗牛，其周围的绿叶是陪体。

2. 陪体

陪体是指在画面中与被摄主体有着紧密的联系，或者辅助被摄主体表达主题的拍摄对象。陪体可以增加画面的信息量，使画面更自然、更生动、更有感染力，但不能喧宾夺主。分清被摄主体和陪体，画面才有主次，才有重心。

3. 环境

环境是围绕着被摄主体与陪体的环境，包括前景与后景两个部分。其中，前景位于被摄主体之前。靠近镜头位置的人物、景物被统称为前景，前景有时也可能是陪体。后景与前景相对应，是指位于被摄主体之后的人物或景物，一般多为环境的组成部分。在图3-12所示的画面中，公园里的草地和大树就是衬托被摄主体的环境。

图3-11 被摄主体

图3-12 环境

↘ 3.2.2 视频画面的构图要求

构图是一项即兴的、富于创造性的工作，其根本目的是使主题和内容获得尽可能完美的形象结构和画面造型效果。不管构图形式如何变幻，都离不开这一目的，所以创作者需要了解一些视频画面构图的基本要求。

1. 画面简洁，被摄主体突出

"大道至简"，极简构图追求简约而不简单，通常背景干净、被摄主体突出、线条鲜明、色彩反差大、有大量留白。极简构图需要处理好被摄主体、陪体及环境之间的关系，使画面整洁、流畅，主次分明，被摄主体、陪体相互照应、轮廓清晰，条理和层次井然有序。

要想使画面简洁，被摄主体突出，创作者在拍摄视频时可以采用以下方法。

●内容减法：把画面中多余的杂物去除，使被摄主体醒目，背景更加自然纯净，如图3-13所示。

●色彩减法：画面色彩不宜过多，如图3-14所示。如果色彩太多，就不能突出主色，会造成主次不分。

图3-13 内容减法

图3-14 色彩减法

● **景别减法**：通过近景特写取景，避开多余的杂物，如图3-15所示。

● **距离减法**：让摄影设备尽可能地接近被摄主体，可以有效地突出被摄主体，虚化背景。

● **光线减法**：通过光线的明暗对比来突出被摄主体，拍摄时降低曝光可以减弱周围杂乱光线的影响，如图3-16所示。

图3-15 景别减法 图3-16 光线减法

● **留白减法**：追求"空白"，即拍摄时虽然画面单一，但被摄主体不缺失，可以运用天空、大海等背景衬托被摄主体。

● **二次构图**：通过视频剪辑二次构图，达到突出被摄主体，使画面简洁的目的。

2. 灵活构图，立意明确

构图形式是创作者构思立意的直接体现，每个镜头所要传达、表现的思想内容和艺术内涵必须是明确且集中的，切忌模棱两可，而应以鲜明的构图形式反映出作品表达的主题和立意。

创作者可以通过以下几种构图方法来更加鲜明地体现作品的主题。

（1）运用对比手法，深化主题。创作者要善于利用色彩的对比、形态的对比、影调的对比等手法，使两个相互对比的主题元素相互加强，从而突出视频的表现力，达到深化主题的目的，如图3-17所示。

（2）运用斜构图能够增强视频画面带给观众的视觉冲击力。斜构图经常用于表现人物的情绪之美，挖掘最深处的细节之美。尤其是拍摄特写时，斜构图更能表现美感，如图3-18所示。

图3-17 对比构图 图3-18 斜构图

（3）运用残缺构图能够给观众制造画面的神秘感。拍摄人物时，创作者有时会有意追求残缺的形象，不求画面中人物形象的完整，只求展现被摄主体活动的瞬间影像。这种画面虽然只是残缺的局部，但这个局部正是对主旨精神的传达，残缺带给观众的神秘感能够激发其好奇心和想象力，如图3-19所示。

（4）运用框架构图能够拍出具有"偷窥"效果的视频画面。创作者可以利用"隔物偷窥"法，透过物体拍被摄主体；或者巧用镜面、水面等反光体，增强画面的空间感和层次感；还可利用前大后小的形体，使其呈现出延伸和夸张效果，如图3-20所示。

图3-19 残缺构图　　　　　　　　　　图3-20 框架构图

↘ 3.2.3 视频画面的构图方式

在视频拍摄的过程中，不论是移动镜头，还是静止镜头，拍摄的画面其实都是多个静止画面的组合。因此，摄影中的一些构图方法在拍摄视频时同样适用。视频拍摄常用的画面构图方式如下。

1. 中心构图

中心构图就是将被摄主体放置在视频画面的中央进行拍摄，横竖不限。一般在相对对称的环境中拍摄时会选择中心构图对画面进行构图，这样能够将被摄主体表现得更加突出、明确，画面容易达到左右平衡的效果。

在采用这种构图方式时，要注意选择简洁或者与被摄主体反差较大的背景，使被摄主体从背景中"跳"出来，如图3-21所示。

2. 九宫格构图

九宫格构图就是利用画面中的几条分割线对画面进行分割，将画面分成相等的九个方格。创作者在拍摄时将被摄主体放置在线条的四个交点上，这样拍摄出来的画面看起来更和谐，给人以一种美的享受，如图3-22所示。这种构图法操作简单，表现鲜明，画面简练，无论是在摄影还是摄像中都非常实用。

图3-21 中心构图　　　　　　　　　　图3-22 九宫格构图

3．二分/三分构图

二分构图就是利用线条把画面分割成上下或左右两部分，在拍摄天空和地面或地平线时比较常用。使用这种构图方式时，可以将地平线或水平线放在画面正中间，将画面一分为二。利用二分构图法可以拍摄出比较震撼的风景画面，同样也可以用在前景与后景区分明显的画面中，如图3-23所示。

三分构图实际上是黄金分割法的简化版，它可以避免画面过于对称，增加画面的趣味性，减少呆板感。在使用三分构图方式时，通常是在横向或纵向上将画面划分成分别占1/3和2/3面积的两个区域，将被摄主体安排在三分线上，使画面中的被摄主体突出、灵活、生动。

4．对称构图

对称构图就是按照对称轴或对称中心使画面中的景物形成轴对称或中心对称，给观众以稳定、安逸、平衡的感觉。这种构图方式常用于拍摄对称的物体，可以在画面中营造一种庄重、肃穆的氛围，但不适合表现快节奏的内容，因为这种构图方式有时会显得呆板，缺少灵性，视觉冲击力不够强。

需要注意的是，使用对称构图方式时，并不是讲究完全对称，只要做到形式上的对称即可。图3-24所示为采用对称构图拍摄的视频画面。

图3-23　二分构图　　　　　　　　　　　图3-24　对称构图

5．框架构图

框架构图就是用前景景物形成某种具有遮挡感的"框架"，这样有利于增强构图的空间深度，将观众的视线引向中景、远景处的被摄主体。由于框架的亮度往往暗于框内景色的亮度，明暗反差较大，所以在使用这种构图方式时需要注意框内景物曝光过度与边框曝光不足的问题。

这种构图方式在视频中会让观众产生一种"窥视"的感觉，增强画面的神秘感，从而激发观众的观看兴趣。图3-25所示为采用框架构图拍摄的视频画面。

使用框架构图方式拍摄视频时，所用的框架不一定是方形或圆形，还可以是多种形状，既可以利用拍摄现场实际存在的物体来形成框架，也可以利用光线的明暗对比来形成框架。

6．水平线构图

水平线构图就是以景物的水平线作为参考，用比较水平的线条来展现景物的宽阔和画面的和谐，给人一种延伸的感觉。该构图方式一般用于横幅画面，比较适合场面很大的风光拍摄，能够让观众产生辽阔、深远的视觉感受。

　　在进行水平线构图时，居中水平线能够给人以和谐、稳定的感觉，下移水平线主要强调天空的风景，上移水平线主要强调眼前的景物，而多重水平线则会产生一种反复强调的效果。图3-26所示为采用水平线构图拍摄的视频画面。

图3-25　框架构图

图3-26　水平线构图

7．垂直线构图

　　垂直线构图就是利用垂直线进行构图，主要强调被摄主体的高度和纵向气势，多用于表现深度和形式感，给人一种平衡、稳定、雄伟的感觉。采用这种构图方式时，要注意让画面的结构布局疏密有度，使画面更有新意且富有节奏感。图3-27所示为采用垂直线构图拍摄的视频画面。

8．对角线构图

　　对角线构图就是指被摄主体沿着画面的对角线方向排列，能够表现出很强的动感、不稳定性和有生命力的感觉，给观众以更加饱满的视觉体验。对角线构图中的对角线关系可以借助物体本身具有的对角线，也可以利用倾斜镜头的方式将一些倾斜的景物或横平竖直的景物，以对角线的形式呈现在画面中。使用这种构图方式拍摄出来的视频画面往往具有很好的纵深效果，如图3-28所示。

图3-27　垂直线构图

图3-28　对角线构图

9．引导线构图

　　引导线构图就是利用线条来吸引观众的目光，使观众的目光汇聚到画面中的被摄主体上。这种构图方式可以让画面具有很强的纵深感和立体感，让画面中的前后景物相互呼应，让画面的层次结构与布局更加分明，适合拍摄大场景、远景的视频画面。图3-29所示为使用引导线构图拍摄的视频画面。

　　需要特别指出的是，引导线不一定是具体的线条，流动的溪水、整排的树木，甚至目光等均可作为引导线使用，创作者在拍摄时应注重体现意境和画面的视觉冲击力。在拍摄视频画面时，创作者可以先确定引导线，再考虑如何构图，将观众的视线吸引到画面的被摄主体上。

10. 三角形构图

三角形构图就是以三个视觉中心为景物的主要位置，形成一个稳定的三角形，画面具有稳定、均衡但不失灵活的特点。三角形构图又可以分为正三角形构图、倒三角形构图、不规则三角形构图，以及多个三角形构图。

正三角形构图能够营造画面整体的稳定感，给人以力量强大、无法撼动的印象；倒三角形构图则给人一种由不稳定性所产生的紧张感；不规则三角形构图则能够给人一种跃动感；多个三角形构图则能表现出动感，在溪谷、瀑布、山峦等景物的拍摄中较为常见。图3-30所示为采用三角形构图拍摄的视频画面。

图3-29　引导线构图　　　　　　　图3-30　三角形构图

11. 曲线构图

曲线构图就是将被摄主体沿曲线排列的构图方式。曲线可以是规则曲线，也可以是不规则曲线，如对角式曲线、S形曲线、C形曲线、横式曲线、竖式曲线等。曲线构图能够给人以活力、优美的视觉感受，根据曲线形状的不同，还可传递和谐、规律、稳定等多种情感。常见的按字母形状划分的曲线构图形式符合人们的视觉习惯，因此采用英文字母曲线构图的形式比较讨巧，很受观众喜爱。

在曲线构图中，S形构图与C形构图比较常用。S形曲线是最具美感的线条元素之一，它具有较强的视觉引导作用，可以使画面更加生动、活泼。观众的视线随着S形曲线向深处延伸，能够有力地展现场景的纵深感。

C形曲线是一种动感的线条，用C形曲线来构图，会使画面显得更饱满。一般来说，若将被摄主体安排在C形曲线的缺口处，能使观众的视线随着弧线推移到被摄主体上，如图3-31所示。C形曲线构图在工业、建筑题材中使用较多。

12. 辐射构图

辐射构图就是以被摄主体为核心，让景物向四周扩散放射的构图形式。这种构图方式可以使观众的注意力集中于被摄主体，而后产生开阔、舒展的感觉，经常用于需要突出被摄主体且场面比较复杂的场合，也用于使人物或景物在较为复杂的情况下产生特殊效果的场景。

虽然辐射出来的是线条或图案，但按照其规律可以很清晰地找到辐射中心。辐射构图具有两大特点：一是增强画面的张力，例如，在风光类视频中，一束束阳光穿过云层，使用辐射构图可以很有效地增强画面的张力，如图3-32所示；二是收紧画面主题，虽然辐射构图具有强烈的发散感，但这种发散具有突出被摄主体的鲜明特点，有时也可以产生局促沉重的感觉。

图3-31　C形构图

图3-32　辐射构图

3.3　运用拍摄光线

光线不仅能够照亮环境，还能通过不同的强度、色彩和角度等来描绘物体，影响视频画面的呈现效果。光线对视频画面的影响主要体现在光线的"再创造力"上，能够将被摄主体"装点"得更加美丽动人。因此，光线运用得恰当与否会直接影响视频拍摄的质量。

↘ 3.3.1　不同光源的运用

根据光源的不同，光线可分为自然光、场景光和人造光。

1. 自然光

自然光是指非人为因素产生的光，即太阳、月亮或星星等光源发射出来的光线。绝大多数情况下，人们所说的自然光指的是太阳光，它有三种不同的形态，即直射光、天空的散射光和环境的反射光。

直射光是指阳光没有经过间隔物而直接照射到被摄主体上的光线。在晴天的户外，正午时分阳光灿烂，光线充足，光线强度大，光质比较硬，适合拍摄缤纷多彩的事物；晨昏时刻的直射光比较柔和，光线强度低，阳光温暖，比较适合户外拍摄，便于捕捉人物情绪，拍出的视频画面更具戏剧性、神秘感，更具视觉冲击力。

散射光包括天空光、薄云遮日光、乌云密布光等。反射光就是指直射光经过物体（如建筑物、墙面、地面、水面等）反射的光线，反射光也属于自然光。

自然光受季节、天气、时间、地理位置的影响，形成的光线性质和特征也不同，创作者需要根据拍摄要求、主题表现来选择不同的光线进行拍摄。

2. 场景光

场景光一般比较复杂，有窗外照射进来的阳光，也有室内的灯光等。如何更好地利用场景光需要具体场景具体分析，总之利用场景光的目的是明确主题，突出被摄主体，简化画面。

场景光具有两个特点，一是光源复杂，二是光线强度较弱。对于复杂的光源，运用前须先分析光源的色温和光源的方向，因为只有掌握好光源的方向，才能更好地进行拍摄。

3. 人造光

人造光是由人工设计制造的仪器、设备产生的光。当自然光不能满足视频拍摄的需要时，创作者就可以利用闪光灯、聚光灯，甚至手电筒、蜡烛这些人造光。

人造光具有较高的可控性，创作者可以根据需要来调整光线的强度、角度等，因此人造光非常适合拍摄人物和静物。

此外，在夜晚的城市中，各式各样的街灯、霓虹灯和广告牌所发出的光线都属于人造光，这种人造光可以为夜景拍摄提供很好的光线条件。

↘ 3.3.2 不同光质的运用

光质，即光的性质。光质不同，其发挥的作用也不同。有些光是硬的、刺目的、聚集的、直接的；有些光是软的、柔和的、散射的、间接的。在视频拍摄中，光质能够影响被摄主体展现的形状、影调、色彩、空间感、美感及真实感。根据光线的软硬性质，可以将其分为硬质光和软质光。

1. 硬质光

硬质光，即强烈的直射光，如晴天的阳光，聚光灯、回光灯的灯光等，它们产生的阴影明晰而浓重。被摄主体在硬质光的照射下有受光面、背光面和影子，可以造成明暗对比强烈的造型效果。这样的造型效果可以使被摄主体形成清晰的轮廓形态，适合表现被摄主体粗糙表面的质感。图3-33所示为采用硬质光拍摄的视频画面。

2. 软质光

软质光是一种漫散射性质的光，没有明确的方向，不会让被摄主体产生明显的阴影，如阴天、雨天、雾天的天空光或添加柔光罩的灯光等都属于典型的软质光。

这种光线下拍摄出的视频画面没有明显的受光面、背光面和投影关系，在视觉上明暗反差小，影调平和。利用这种光线拍摄时，能较为理想地将被摄主体细腻且丰富的质感和层次表现出来，但被摄主体的立体感表现不足，且画面色彩比较灰暗。

在实际拍摄时，创作者可以在画面中制造一点亮调或打造颜色鲜艳的视觉兴趣点，使得画面更生动。图3-34所示为采用软质光拍摄的视频画面。

图3-33 硬质光　　　　　　　　　　图3-34 软质光

↘ 3.3.3　不同光位的运用

光位是指光源相对于被摄主体的位置，即光线的方向与角度。同一被摄主体在不同的光位下会产生不同的明暗造型效果。常见的光位主要有顺光、逆光、侧光、顶光和脚光等。

1. 顺光

顺光，也称正面光或前光。顺光拍摄的画面中前后物体的亮度一样，没有明显的亮暗反差，被摄主体朝向镜头的一面受到均匀的光照，画面中的阴影很少甚至几乎没有阴影。顺光能够真实再现物体的色彩，在拍摄风景时能够得到平和、清雅的画面效果，在拍摄人物时能够得到过渡平缓、自然柔和的画面效果。图3-35所示为采用顺光拍摄的视频画面。

但是，采用顺光拍摄不利于表现被摄主体的立体感和质感，不能突出景物重点，缺乏光影变化和影纹层次。

2. 逆光

逆光，也称背光、轮廓光或隔离光，其光源在被摄主体的后方，在镜头的前方，有时镜头、被摄主体、光源三者几乎在一条直线上。

由于光线照射角度、高度与被摄主体的具体情况的不同，逆光又可以分为正逆光、侧逆光、顶逆光（也称高逆光）。逆光能够清晰地勾勒被摄主体的轮廓形状，此时被摄主体只有边缘部分被照亮，形成轮廓光或剪影的效果，这对表现人物的轮廓特征，以及把物体与物体、物体与背景区分出来都极为有效。图3-36所示为采用逆光拍摄的视频画面。

采用逆光拍摄能够获得造型优美、轮廓清晰、影调丰富、质感突出和生动活泼的画面造型效果。在进行逆光拍摄时，需要注意背景与陪体的选择，以及拍摄时间的选择，还要考虑是否需要使用辅助光照明等。

图3-35　顺光

图3-36　逆光

3. 侧光

侧光是一种可用于表现被摄主体立体感和质感的光线，被广泛应用于各种题材的视频拍摄中。侧光能够在被摄主体表面形成明显的受光面、阴影和投影，表现被摄主体的立体形态和表面质感。拍摄人物时，运用侧光能够表现人物情绪，在拍摄特写画面时通常将光线打在人物侧脸上。

侧光角度不同，可以表现或突出强调被摄主体的不同部位，创作者可以根据需要达到的画面效果采用不同角度的侧光进行拍摄。图3-37所示为采用侧光拍摄的视频画面。

4. 顶光和脚光

顶光是指来自被摄主体顶部的光线。采用顶光拍摄人物时，通常会反映人物的特殊精神面貌，如憔悴、缺少活力的状态。顶光常用于拍摄一些食品类商品视频，能够很好地展示商品的质感，如图3-38所示。

图3-37 侧光

图3-38 顶光

脚光是指从被摄主体底部向被摄主体照射的光线，它可以填补其他光线在被摄主体底部形成的阴影，表现特定的光源特征、环境特点，通常用于营造神秘、古怪的氛围。

↘ 3.3.4 不同光型的运用

根据光线不同的造型效果，对被摄主体布置不同距离、方位、高度及不同强弱性质的光线，可以增强被摄主体的立体感、质感、纵深感和艺术感。布光要遵循自然光的照射规律，符合观众的生活习惯与视觉心理。

按照光线的造型效果，光型可分为主光、辅光、轮廓光、背景光、修饰光等。布光不只是运用一种光型的光线，而是对各种光型的光线进行综合运用。

1. 主光

主光又称造型光，是表现被摄主体造型的主要光线，用于照亮被摄主体最富有表现力的部位。在视频拍摄中，主光起着主导作用，能够突出被摄主体的主要特征，并决定着被摄主体整体的明暗分布。主光布置是否合适，决定着视频画面的呈现效果。布光时，首先要确定主光的位置。

2. 辅光

辅光又称补光，是指起辅助作用的光线。辅光用于弥补主光照明的不足，对被摄主体的阴影部分进行辅助照明，适当提高其亮度，以减少明暗反差，并增加阴影部分的细节，产生细腻、丰富的中间层次和质感。辅光的光度变化可以改变影像的反差，营造不同的氛围。

3. 轮廓光

轮廓光是指从逆光或侧逆光方向照射到被摄主体并勾勒出其轮廓形状的光线。轮廓光用于将被摄主体的轮廓特征表现出来，并将被摄主体从背景中分离出来。轮廓光通常是视频画面中最强的光，常采用硬朗的直射光，它能使物体与物体、物体与背景分开，增强视频画面的纵深感。

4．背景光

背景光是指用于照明背景的光线，其作用是产生符合亮度要求的背景。创作者可以利用明暗影调的差别把被摄主体衬托出来，也可以用背景光造成某些光斑，强化艺术表现效果。背景光的光源应该位于被摄主体和背景之前。

5．修饰光

修饰光又称装饰光，是指对被摄主体的某个局部进行照明，以调整其明暗和细节的光。修饰光用于突出被摄主体某一局部或细节部位的质感，以达到造型上的完美，如眼神光、头发光和服饰光等。当主光、辅光、轮廓光、背景光依次布置好以后，创作者要分析被摄主体局部的亮度是否合适，层次表现是否完美，如果不够理想，就要考虑用修饰光来修饰这些局部和细节部位。

3.4 运用运动镜头

运动镜头是指通过机位、焦距和光轴的运动，在不中断拍摄的情况下，形成视角、场景空间、画面构图、被摄主体的变化，不经过后期剪辑，在镜头内部形成多构图、多元素的组合，以增强画面动感，扩大镜头视野，影响视频的节奏，赋予画面独特的寓意。

常见的运动镜头（简称运镜）有推拉运镜、横移运镜、摇移运镜、升降运镜、环绕运镜、综合运镜等。

↘ 3.4.1 推拉运镜

推拉运镜是指匀速地靠近或远离被摄主体进行拍摄，它是视频拍摄中最为常见的运镜方式之一。推拉运镜可以强调拍摄场景的整体或局部，以及彼此间的关系。推拉运镜包括推镜头与拉镜头两种运镜方式，如图3-39所示。

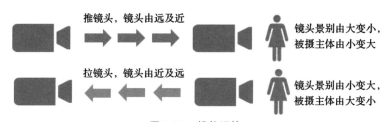

图3-39 推拉运镜

推镜头是摄像机向被摄主体方向推进，或者变动镜头焦距使画面框架由远及近地向被摄主体不断接近，取景范围由大变小，使被摄主体逐渐接近观众，视距由远变近，景别由大到小，被摄主体由整体到局部。

推镜头具有视觉前移的效果，拍摄人物时能够随着镜头的推进，捕捉人物的细腻表情和情绪，展现人物的内心世界，或者突出被摄主体的某个部位，从而让观众更清楚地看到细节的变化。推镜头的主要作用在于突出细节、突出被摄主体、刻画被摄主体形象、制造悬念等。

拉镜头与推镜头正好相反，是被摄主体不动，由摄像机做向后的拉摄运动，逐渐远离被摄主体，取景范围由小变大，由局部到整体，使人产生宽广、舒展的感觉。拉镜头能够增加画面的信息量，有利于表现被摄主体与周围环境的关系。

拉镜头拍摄可以实现从近距离到远距离观看某个事物的整体过程，它既可以表现同一个被摄主体从近到远的变化，也可以表现从一个被摄主体到另一个被摄主体的变化。这种镜头的应用，主要是突出被摄主体与整体的效果。

↘ 3.4.2　横移运镜

横移运镜是指拍摄时镜头按照一定的水平方向移动，如图3-40所示。横移运镜通常用于视频中的情节，例如，人物在沿直线方向走动时，镜头也跟着横向移动，可以更好地展现画面的空间感。

图3-40　横移运镜

在使用横移运镜拍摄视频时，创作者可以借助滑轨设备来保持手机或相机的镜头在移动拍摄过程中的稳定性。如果没有滑轨，也可以双手持机，保持拍摄方向不变，通过双臂缓慢平移手机或相机。

横移镜头具有完整、流畅、富于变化的特点，能够创造特定的情绪和氛围，更好地表现被摄主体所处的环境，表现出各种运动条件下的视觉艺术效果。

↘ 3.4.3　摇移运镜

摇移运镜是指拍摄时保持机位不变，创作者朝着不同的方向转动镜头。摇移运镜的镜头摇动方向可分为上下摇动、左右摇动、斜方向摇动和旋转摇动4种方式，如图3-41所示。

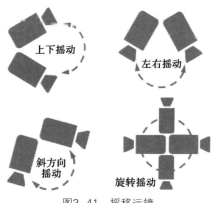

图3-41　摇移运镜

简单来说，摇移运镜就像观众的眼睛，站在原地不动，通过转动头部或身体，用眼睛环顾周围的人或事物。摇镜头主要表现事物的逐渐呈现，一个又一个的画面从渐入镜头到渐出镜头来展现整个事物。摇镜头具有描绘作用，常用于介绍环境或突出人物行动的意义和目的。

↘ 3.4.4　升降运镜

升降运镜是指镜头的机位朝上下方向移动，从不同方向的视点来拍摄所要表达的场景，如图3-42所示。升降运镜适合拍摄气势宏伟的建筑物、高大的树木、雄伟壮观的高山，以及展示人物的局部细节等。

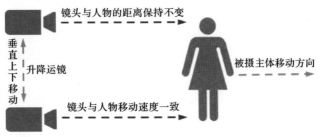

图3-42　升降运镜

升降镜头的上下移动带来了画面视域的扩展与收缩，同时视点的连续变化形成了多角度、多方位的构图效果，有利于展现纵深空间中的点面关系。上升镜头是指摄像机慢慢升起，以显示广阔的空间，而下降镜头则相反。

采用升降运镜拍摄视频时，创作者可以切换不同的角度和方位来移动镜头，如垂直上下移动、上下弧线移动、上下斜向移动等。在实际拍摄中镜头可以纳入一些前景元素，从而体现出空间的纵深感，让观众感觉被摄主体更加高大。

↘ 3.4.5　环绕运镜

环绕运镜是指保持镜头水平高度不变，以被摄主体为中心，进行360°环绕拍摄，如图3-43所示。这种运镜方式能够提高画面的张力，凸显被摄主体。在实际拍摄时，创作者要注意保持画面的稳定性，并将被摄主体置于画面中心，保持镜头与被摄主体的距离。这种运镜方式能够突出被摄主体，渲染情绪，拍摄出来的画面更有张力。

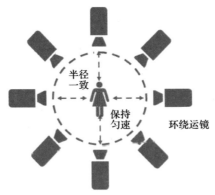

图3-43　环绕运镜

↘ 3.4.6 综合运镜

综合运镜是指在一个镜头中把推、拉、摇、移、升、降、环绕等多种运镜方式有机地结合起来进行拍摄。综合运镜常常借助摇臂及移动车进行拍摄。综合运镜的方式多种多样，如推摇、拉摇、移推等。

采用综合运镜拍摄出来的视频画面，其造型复杂多变，能够形成多景别、多角度、不同被摄主体、时空连续的多构图画面，组成多层次、多元素、立体化的画卷，使画面内部蒙太奇（若干个不同的镜头拼接在一起，表现出单一镜头所无法表现的含义）更加丰富。

创作者运用综合运镜拍摄视频时，要重点把握好镜头转换的时机，力求人物动作与方向的转换一致，与情节中心和情绪发展的转换一致，实现画面外部变化与内部变化的完美结合。

3.5 镜头组接与转场

镜头组接，就是将一个个镜头组合起来连接为一个整体，又称画面转场。视频中镜头的前后顺序并不是杂乱无章的，在视频剪辑过程中会根据情节需要选择不同的组接方式，遵循一定的原则，运用一定的技巧进行组接。

↘ 3.5.1 镜头组接的基本原则

镜头组接的总原则是符合逻辑、内容连贯、衔接巧妙。要想做到镜头组接流畅、合理，创作者应遵循以下基本原则。

1. 符合逻辑规律

各个镜头之间的组接要符合逻辑规律，各镜头内的画面亮度和色彩影调应协调统一，画面的清晰度、情节内容等也应保持一致，不能出现冲突，否则会影响观众的观看体验。

镜头的组接不能过于随意，必须符合客观规律和人们的思维逻辑。视频内容要表达的主题与中心思想要明确，这样创作者才能根据观众的心理需求和生活规律将镜头有机地组接在一起。

2. 遵循轴线规律

在被摄主体的活动有多种方向时，镜头中要有一个轴线主导，以保证被摄主体方向和位置的统一。这里所说的轴线指的是被摄主体的视线方向、运动方向，以及根据不同被摄主体之间的位置关系所形成的一条假想的直线或曲线。

在进行镜头组接时，遵循镜头调度的轴线规律能使镜头中被摄主体的位置、运动方向保持一致，合乎人们观察事物的规律，否则就会出现方向性混乱，影响观众的视觉感受。

3. 遵循"动接动""静接静"的规律

如果视频画面中同一被摄主体或不同被摄主体的动作是连贯的，可以动作接动作，以达到顺畅、简洁过渡的目的，简称"动接动"；如果两个画面中的被摄主体运动是不连贯的，或者中间有停顿时，那么这两个镜头的组接必须在前一个画面中被摄主体完成动作停下来后，再接上一个从静止到运动的镜头，简称"静接静"。

运动镜头和固定镜头组接同样需要遵循这个规律，一般是运动镜头与运动镜头组接，固定镜头与固定镜头组接，这样才能保证画面的连贯性与流畅性。

4. 遵循自然过渡原则

自然过渡即两个镜头的组接要自然、合理，主要体现在动静镜头过渡与景别过渡。

（1）动静镜头组接要合适、流畅

如果是运动镜头接固定镜头，或者固定镜头接运动镜头，就需要用缓冲因素进行过渡。缓冲因素是指镜头中被摄主体的动静变化和运动方向的变化，或运动镜头的起幅、落幅、动静变化等。利用缓冲因素选取剪接点，可以使该镜头与前后镜头保持运动镜头接运动镜头、固定镜头接固定镜头的效果，使镜头的组接合适、流畅。

（2）景别过渡要自然、合理

在表现同一被摄主体的两个相邻镜头组接时，需要遵循以下原则。

●前后两个镜头的景别要有明显变化，不能把同机位、同景别、同视角的镜头直接组接，否则会出现令人反感的"跳帧"效果。

●两个镜头景别相差不大时，必须改变摄像机的机位，否则也会产生明显跳动，就像一个连续镜头从中截去一段一样。

●针对不同被摄主体的镜头组接时，同景别或不同景别的镜头都可以进行组接。

5. 遵循光色方案统一原则

镜头组接要保持影调和色调的连贯性，尽量避免出现没有必要的光色跳动。影调和色调是画面构图、形象造型和烘托气氛的常用手段，若前后两个镜头在影调和色调上存在较大的差异，会使画面出现不必要的跳动，使镜头的组接不自然，产生视觉上的跳动感。

在镜头组接时，需要遵循"平稳过渡"的变化原则，如果必须将影调和色调对比过于强烈的镜头组接在一起，通常需要安排一些中间影调和色调的衔接镜头进行过渡。

6. 注意把控镜头组接的时长

每个镜头停滞时间的长短，首先要根据表达内容的难易程度、观众的接受能力来决定，其次要考虑画面构图等因素。由于每个镜头中的被摄主体不同，包含在镜头中的内容也不同。

远景、中景等大景别的镜头包含的内容较多，观众要看清这些镜头中的内容所需要的时间相对较长；而对近景、特写等小景别的镜头，其所包含的内容较少，观众在短时间内就能看清，所以镜头停留的时间可以适当短一些。

7. 遵循声画匹配原则

镜头组接要注意声音和画面的配合。声音和画面各有其表现特性，两者有机结合方能使视频作品成为名副其实的视听综合艺术。因此，在镜头组接时，必须对声音进行专门的处理，使其更好地服务视频画面。

总之，在实际镜头组接过程中，创作者不仅需要考虑景别、运动方式、光线、色调等的问题，还要综合考虑被摄主体和视频主题有机组合，才能创作出优质的视频作品。

↘ 3.5.2 镜头组接的剪辑点

在镜头组接中，两个镜头画面相连接的那个点就是剪辑点，创作者要从诸多镜头中找出最佳剪辑点。合适的剪辑点能够保证视频画面的切换流畅，因此剪辑点的选择是视频剪辑最基础和重要的工作之一。

剪辑点分为画面剪辑点和声音剪辑点，这里所说的剪辑点主要是指画面剪辑点，即由一个镜头切换到下一个镜头的交接点。在正确的剪辑点上切换镜头，能使镜头组接流畅、自然。画面剪辑点又分为动作剪辑点、情绪剪辑点和节奏剪辑点。

1. 动作剪辑点

当前后两个镜头间有动作的承接关系时，动作的开始点和结束点，或者动作的出现点和消失点都可以作为剪辑点。例如，被摄主体在跳跃时，剪辑点可以选择他落地还没有跳起时的画面。这种动作剪辑点的选择，要求原始视频素材必须完整地记录下动作的开始点与结束点。

2. 情绪剪辑点

以人物的心理情绪为基础，根据人物的喜、怒、哀、乐等外在表情的表达过程选择剪辑点。很多时候，在一个镜头中，人物该说的话已经说完，或者动作已经结束，但仍然不剪断这个镜头，这是刻意留白。这种剪辑点的把握不是依据动作，而是依据情绪，让人物的情绪抒发出来。

有些视频搞笑的部分让观众觉得不好笑，深情的部分也不能打动观众，无法引发观众的共鸣，排除演员的演技因素，有可能是情绪剪辑点没有把握好造成的。

3. 节奏剪辑点

节奏剪辑点即按视频节奏选择的剪辑点，常用于卡点视频的剪辑。卡点视频中所有的剪辑点都在音乐的重音位置上。除此之外，如果一整组镜头的时长完全一样，做不同镜头的快速切换，也能营造出一种节奏感。

选择节奏剪辑点的基本要求主要包括静接静、动接动、静接动、动接静等。

● 静接静：指视觉上没有明显动感的镜头相互切换的方法，例如，视频中A听到B在身后叫他，下一个镜头B站在原地不动。

● 动接动：指视觉上有明显动感的镜头相互切换的方法，例如，上一个镜头是行进中的火车，下一个镜头是不断掠过的沿线景物。

● 静接动：指视觉上没有明显动感的镜头与有明显动感的镜头相互切换的方法，例如，视频中A和B对话，谈话中提到C为什么还不来，此时接C走在路上的镜头。

● 动接静：指视觉上有明显动感的镜头与没有明显动感的镜头相互切换的方法，例如，视频中A在马路上追逐B并追到了，下一个镜头是两个人坐在餐厅里。

↘ 3.5.3 镜头组接的转场方式

在视频制作中，转场镜头非常重要，可以说它是视频的黏合剂，对视频的流畅度、情节的发展都有着至关重要的作用，不同的转场方式对剧情衔接与发展、内容节奏、情绪会产生不一样的效果。转场分无技巧转场与技巧性转场两种，需要创作者根据实际需要进行选择。

1. 无技巧转场

无技巧转场是指视频场面的过渡不是通过后期特效，而是在前期拍摄时埋入一些线索，使两个场面实现无缝衔接。无技巧转场其实是利用无特技技术与光学附加作用的直接切换，通过上下镜头将内容上下关联实现时空转换、场景衔接，使镜头组接自然、流畅，无附加技巧痕迹。

无技巧转场并不是不需要技巧，而是需要更具匠心的艺术设计技巧，让上下镜头具备合理的过渡因素，直接切换就能起到承上启下、分割场次的作用。

无技巧转场方式主要有以下几种。

（1）两极镜头转场

上下镜头的景别是两个极端，含有强调的意味，从远景到特写，从特写到远景，对比强烈，节奏感较强。例如，用捕鱼人的镜头衔接整个湖面的场景，用冰雕的特写衔接整个雪景，用诱人的小吃衔接热闹的街景等。

（2）运动转场

借助人物、动物或其他一些交通工具的镜头进行场景或时空转换。这种转场方式大多强调前后段落的内在关联性，可以是通过上下镜头中的手机运动来完成场景转换，也可以利用上下镜头中人物、交通工具动作的相似性进行场景转换。

（3）相似性转场

上下镜头具有相同或相似的被摄主体形象，或者其中的物体形状相近、位置重合，在运动方向、速度、色彩、状态、声音、感觉等方面具有一致性，这种情况下就可以采用这种转场方式，达到视觉连续、转场顺畅的目的。

（4）特写转场

无论上一组镜头的最后一个镜头是什么，下一组镜头都可以从特写镜头开始。特写镜头具有强调画面细节的特点，可以暂时集中观众的注意力，因此特写转场可以在一定程度上弱化时空或场景转换的视觉跳动。

（5）空镜头转场

空镜头转场是指利用景物镜头进行过渡，实现间隔转场，景物镜头又分为两类。

一类是以景为主、物为陪衬的镜头，如群山、田野、天空等镜头，使用这类镜头转场既可以展示不同的地理环境、景物风貌，又能表现时间和季节的变化，还可以借景抒情，弥补叙述性素材本身在情绪表达上的不足，为情绪表达提供空间，同时又能使高潮情绪得以缓和、平息，从而转入下一段落。

另一类是以物为主、景为陪衬，如在镜头前飞驰而过的火车、街道上的汽车，以及室内陈设、建筑雕塑等各种静物。一般情况下，创作者经常选择在这些镜头挡住画面或处于特写状态时作为转场时机。

（6）主观镜头转场

主观镜头是指与画面中的人物视觉方向相同的镜头。利用主观镜头转场就是按照上下镜头间的逻辑关系来处理场面转换问题，可用于大时空转换。例如，上一镜头是人物抬头凝望，下一镜头可能就是人物看到的场景，也可能是完全不同的人和物。

（7）遮挡镜头转场

遮挡镜头是指镜头被画面中的某个形象暂时挡住。依据遮挡方式的不同，可以分为两类情形。

一类是被摄主体迎面而来遮挡镜头，形成暂时的黑场画面。例如，上一镜头在甲地点的被摄主体迎面而来挡住镜头，下一镜头被摄主体背朝镜头而去，已经到达乙处。被摄主体挡住摄像机镜头通常能在视觉上给观众以较强的视觉冲击，同时制造视觉悬念，加快视频的叙事节奏。

另一类是画面内的前景暂时挡住画面内的其他形象，成为覆盖画面的唯一形象。例如，拍摄街道时，前景闪过的汽车会在某一时刻挡住其他形象。当画面形象被遮挡时，一般可以作为镜头切换点，通常是为了表示时间、地点的变化。

（8）声音转场

声音转场是指用音乐、音响、解说词、对白等与画面的配合实现转场。例如，利用解说词承上启下、贯穿前后镜头，利用声音过渡的和谐性自然转换到下一个镜头。

2. 技巧转场

技巧转场是指通过电子特技切换台或是后期软件中的特技技巧，对两个画面的转场进行处理。技巧转场主要包括淡入淡出、叠化、划入划出、切入切出、虚化、闪白等转场方式。随着技术的发展，技巧转场的视频效果层出不穷，创作者通过剪辑工具软件的自带转场效果或插件就可以实现。

（1）淡入淡出

淡入淡出是指上一个镜头画面由明转暗，直至全黑，下一个镜头画面则是由暗转明，然后逐渐恢复到正常的亮度，其长度设置为2秒较为适宜，但实际应用中要根据视频的情节与节奏来定。这种转场方式会给人一种段落感，起到蓄势的作用。

（2）叠化转场

叠化转场是指上下镜头的画面实现了叠加，将上一个镜头画面逐渐暗淡隐去，同时将下一个镜头画面逐渐显现至清晰的转场过程。这种转场方式有三个作用，一是用于时间转换，表示时间消逝；二是用于空间转换，表示空间变化；三是起到柔和、舒缓的视觉效果。

（3）切入切出

切入切出是指从上一个镜头直接切换到下一个镜头的转场方式，用于时间与空间转换。这种转场方式是把上下两个不同画面的镜头不加技巧地组接起来，使上一个画面一结束下一画面就迅速出现，以此得到对比强烈、节奏紧凑的视觉效果。

（4）划入划出

划入划出是指利用一条线或各种形象从画面边缘开始，按照直、横、斜等方式把画面抹去（划出），再带入下一个视频画面（划入）的转场方式。这种转场方式会给人以明确的时空转换的感觉，可以增强视频的艺术感染力。

（5）虚化转场

虚化转场是指把上一个镜头进行逐步虚化，直到完全模糊，下一个镜头则从虚像开始逐步调实，直到完全清晰。这种转场方式可以起到转换时间、地点、场景的目的。

（6）闪白转场

闪白转场是指上一个清晰的具体场景画面逐渐变成全白，再由全白逐渐出现下一个清晰的场景。例如，视频中有拍摄照片的环节，随着摄影师的声音"3、2、1"，灯光一闪，完成了拍照，在下一个场景出现前加一个闪白转场，随即出现拍出的照片挂在墙壁上，从而实现时空的转换。

（7）多画屏分割转场

多画屏分割转场是指把一个屏幕分为多个画面，可以使双重或多重的情节齐头并进，这种转场方式可以缩短时间，适合表现影视剧开场、广告创意等。例如，视频中出现电话场景，就可以将屏幕一分为二，将电话两头的人物都显示出来，打完电话后，打电话人的镜头没有了，但接电话人的镜头开始了。

课后实训：分析视频画面的构图方式

1. 实训目标

掌握视频画面的构图方式。

2. 实训内容

4人一组，以小组为单位，在抖音平台上搜集几则旅行风光类短视频，认真观看并截取十组经典画面，讨论分析其采用了哪种构图方式。

3. 实训步骤

（1）搜集视频

在抖音平台上搜集几则优质的旅行风光类短视频。

（2）观看并找出经典画面

认真观看短视频，找出能够打动自己，具有美感、震撼力、感染力的画面并截取。

（3）分析构图方式

小组人员对每人找出的画面进行分析讨论，并确定其采用了哪种构图方式，从中选出十组具有代表性的画面。

（4）实训评价

进行小组自评和互评，撰写个人心得和总结，最后由教师进行评价和指导。

课后思考

1. 简述视频画面的构成要素。
2. 简述视频画面的构图方式。
3. 简述推拉运镜的操作方法。
4. 简述技巧转场的转场方式。

第 4 章　视频拍摄：轻松拍出爆款视频

【知识目标】

● 了解视频创作团队人员配置与岗位职责。
● 了解视频拍摄的常用设备及辅助设备。
● 认识视频拍摄的重要参数。
● 掌握使用相机拍摄视频的方法。
● 掌握使用手机拍摄视频的方法。

【能力目标】

● 能够根据拍摄需求合理设置拍摄参数。
● 能够使用相机拍摄各种视频。
● 能够使用手机拍摄各种视频。

【素养目标】

● 头践出真知，敢于实践，乐于实践，在实践中不断提升自我。
● 培养团队协作能力和表达与沟通能力。

　　随着网络视频越来越火爆，使用相机或手机拍摄网络视频已经成为人们记录和分享生活、商业营销的一种新方式，有越来越多的人加入网络视频拍摄的队伍中。本章将引领读者学习使用相机和手机拍摄视频的各种方法与技巧，提升视频拍摄的实战能力，轻松拍摄出具有专业水准的视频作品。

4.1 组建视频创作团队

如今网络视频领域的竞争越来越激烈，视频制作也越来越专业化。要想使视频作品在海量视频中脱颖而出，就离不开团队的力量，因此需要组建视频创作团队。

↘ 4.1.1 合理配置团队成员

视频创作团队的人员配置应根据视频创作的工作内容和视频创作方向来确定。在网络视频账号运营初期，创作者还需根据资源投入和目标要求来合理配置团队成员。

如果创作者属于全面型人才，就可以自编、自导、自演、自拍、自剪，一个人完成网络视频的创作。对企业账号来说，初始团队一般需要配置3～6人。网络视频账号进入正常运营期后，还可以根据需要进行人员的扩充，逐步扩大团队规模。

创作者可以根据实际情况组建不同级别的视频创作团队，如表4-1所示。

表4-1 视频创作团队的人员配置

一人团队	初级团队配置（3～6人）	专业团队配置（10人）
策划、拍摄、演员、后期剪辑、上线发布、账号运营等都由创作者一人完成	内容运营人员（1～2人）	编导
		策划
		运营人员
	演职人员（1～2人）	道具人员
		演员
		化妆师
		配音
	视频制作人员（1～2人）	美工
		摄像师
		剪辑师

在网络视频账号运营初期，创作者可以根据实际情况组建一支规模较小的视频创作团队。初级团队配置适用于真人出镜实拍的形式，可以完成包括剧情演绎、知识讲解、技能教学类等不同类型视频的制作与推广。这种团队配置的优势在于适合打造IP，更具真实感，适用范围广。

专业团队配置的人力比较充足，人员配置齐全，分工更加明确。这样的视频创作团队发展的空间更大，创作出爆款视频的可能性更高。视频创作团队可以根据业务需求、团队人员的实际情况等因素从视频领域的深度和广度上寻求发展。深度即更垂直化、专业化的内容生产，在内容和表现形式上达到精良、专业的水平，创作出更有创意的视频；广度即采用多账号矩阵化运营，同一视频创作团队打造多个不同的IP，可以获得更高的回报。

需要注意的是，视频创作团队做的是创意工作，应当保持精干的规模，切不可变成组织架构臃肿的庞大组织，这样才能灵活、高效地应对瞬息万变的内容营销市场。当然，团队成员并不是固定不变的，创作者可以根据实际发展情况和人员能力灵活配置。

↘ 4.1.2 明确团队岗位职责

一般来说，专业的视频创作团队由编导、摄像师、剪辑师、运营人员及演员等组成。在进行视频创作团队人员配置时，要重点考察人员的工作能力，其次考虑其理念是否与团队发展相契合，能否快速融入团队等问题。

1. 编导

在视频创作团队中，编导的角色非常重要，他是创作团队的灵魂人物，相当于导演，需要有丰富的影视作品创作经验，有创新意识，思路开阔，并具备多元的创作风格，能够根据用户内容消费的需求变化持续创作视频内容。

编导的主要职责如下。

●负责视频的定位和内容策划，使其符合市场需求，确定选题并策划完整的视频方案。

●负责撰写视频脚本，在撰写分镜头脚本时，能够对色彩、构图、镜头语言等做出准确的判断。

●组织协调视频拍摄任务，推动视频拍摄任务顺利实施。

●参与视频后期剪辑，负责视频包装（如片头、片尾的设计）等，监督整个视频的制作流程，并把控视频的整体质量。

2. 摄像师

摄像师的主要工作是负责视频拍摄。摄像师的水平在一定程度上决定着视频内容质量的好坏，因为视频的表现力及意境大都是通过镜头语言来表现的。一个优秀的摄像师能够通过镜头完成编导布置的拍摄任务，给剪辑师留下非常好的原始素材，节约大量的制作成本，完美地实现拍摄目的。

摄像师需要具备精湛的视频拍摄技能，能够运用各种镜头进行灵活拍摄，把编导的创意通过视频画面表现出来。另外，摄像师还要具备基本的视频剪辑能力，这样可以根据剪辑要求有针对性地进行拍摄，更好地完成拍摄工作。

3. 剪辑师

剪辑师是视频后期剪辑不可或缺的重要职位。剪辑师的主要工作是负责成片的后期剪辑，根据视频创意、脚本对拍摄素材进行适当的裁剪，同时添加合适的配乐、配音和特效等，剪辑出一个完整的视频作品。

剪辑师的主要职责如下。

●分辨素材的好坏，筛选出能够突出视频主题的素材，并对素材进行快速整理。

●能够熟练地剪辑素材，剪辑后的动作画面要确保流畅、完美。

●能够找准剪辑点，在画面的顶点处进行剪辑。画面的顶点是指动作、表情的转折点，例如，人物表情由笑转悲时，此时进行剪辑能够给用户留下深刻的印象。

●懂得配乐，能够在视频的高潮阶段或温馨时刻加入符合此时此景的音乐。

剪辑师除了要具有较高的审美能力外，还要有耐心和细心，能够出色地完成剪辑工作。同时，还要具有较高的文学素养，能够发现和设计视频中的亮点，选择合适的节点添加音乐和特效，并控制整个作品的节奏。

4. 运营人员

运营人员的主要职责是负责网络视频账号的日常运营和推广，包括账号信息的维护与更新、视频的发布、用户互动、数据收集与跟踪、视频的推广与引流等。运营人员的工作非常重要，其运营的好坏直接关系到视频的商业变现结果。

运营人员要准确把握用户的需求，时刻保持对用户的敏感度，及时了解用户的喜好、习惯及行为等，才能更好地完成视频的传播推广工作。运营人员还要具备数据分析能力，能够对同类爆款视频进行分析，善于学习爆款视频的优势与精华，并分析自身账号的视频数据，进行经验总结，形成自己的运营模式。

5. 演员

演员是视频创作团队的重要组成部分。演员的演技、外貌、妆容、着装与饰演角色的气质是否相符是创作者要重点考虑的因素。创作不同题材的视频作品，对演员的要求也不同。

脱口秀类视频一般要求演员的表情比较夸张，演员可以用带有喜剧张力的方式生动地诠释台词；剧情类视频对演员的肢体语言表现力及演技的要求较高；美食类视频要求演员能够用自然的演技表现出美食的诱惑力，以达到突出视频主题的目的。

演员的主要职责如下。

- 配合编导，按照视频脚本完成对视频内容的演绎。
- 根据角色需要，能够尽快融入角色，完美诠释角色的性格和形象。

4.2 准备视频拍摄设备

网络视频行业是一个专业性很强的领域，拍摄设备多种多样，性能各异，创作者选择的拍摄设备也因人而异。新手创作者可能并不需要特别专业、高端的拍摄设备，一部手机即可完成拍摄工作，比较专业的视频创作团队可以根据拍摄要求选用专业的拍摄设备。

4.2.1 视频拍摄的常用设备

视频拍摄的常用设备主要有手机、数码相机和摄像机。

1. 手机

随着移动网络的迅速发展，目前手机已经成为视频拍摄的常用设备。现在手机的拍摄功能非常强大，像华为、苹果等品牌手机都可以满足网络视频的拍摄要求。与使用相机拍摄视频相比，手机具有携带方便、操作简单、美颜功能强大等优势。

在选择手机时，可以参考手机的功能特性，手机摄像头的功能越强大，拍摄出的视频效果也就越理想。选择手机需要考虑的因素，如表4-2所示。

表4-2 选择手机需要考虑的因素

因素	考虑内容
镜头像素	对比镜头像素，选择拥有较高分辨率镜头的手机，目前手机分辨率可达4K，配合高帧率，能够呈现清晰、逼真的超高清拍摄画面

续表

因素	考虑内容
防抖功能	选择具备防抖功能的手机，具备光学防抖功能的手机拍摄的视频画面更稳定
广角功能	使用具备广角功能的手机拍摄的视频画面范围更大，画面的空间感和立体感更强，可以增强视频的感染力
微距功能	使用具有微距功能的手机能够拍摄景物、人物或商品细节，提升视频画面的质感，增强视频作品的吸引力
变焦功能	使用变焦功能强的手机能够清晰地拍摄远处的画面。变焦功能分为光学变焦和数字变焦，在光学变焦范围内放大的画面，其清晰度基本不变，拍出的画面效果更好
感光度	感光度影响手机在夜间拍摄的成像能力，在夜间拍摄视频时要选择超高感光度的手机，以保证画面质量
续航能力	续航能力也是选择手机要考虑的一项因素，现在很多手机无法更换电池，又无法同时充电和拍摄，如果手机续航能力差，就会影响拍摄进度，因此要选择续航能力强的手机
存储容量	视频画面越清晰，通常其视频文件就越大，这就需要手机具有足够大的存储空间，用于存放拍摄的视频素材

通过上述对比，对有专业拍摄要求的创作者来说，可以选择的机型有iPhone15 Pro Max、三星Galaxy S22 Ultra等高端机，能够轻松实现高水平视频拍摄，其缺点是价格高，手机厚重。对个人创作者来说，可以选择华为P50 Pro、vivo X Note等机型，其中vivo X Note屏幕较大，适合经常需要在手机上剪辑视频的创作者，这几款机型完全可以满足一般视频的拍摄要求。

2. 数码相机

数码相机是一种利用电子传感器把光学影像转换成电子数据的照相机。按照用途来划分，数码相机可以分为单反相机（见图4-1）、微单相机（见图4-2）和运动相机（见图4-3）。

图4-1　单反相机

图4-2　微单相机

图4-3　运动相机

（1）单反相机

单反相机是一种专业级别的拍摄设备，其特征是单镜头，可更换；具有可动的反光板结构；有五棱镜；通过光学取景器取景。单反相机具有感光元件大、色彩表现力强、虚化效果好、镜头群丰富等优势。单反相机的镜头可以拆卸，不同的搭配可以应对不同的拍摄场景。

单反相机的常见模式包括快门优先（S）、光圈优先（A）和全手动模式（M），这三种模式都需要创作者掌握。有一定摄影基础的摄像师经常使用单反相机拍摄一些对视频质量要求比较高的视频作品。

单反相机大多是金属机身，体积较大，不便于携带，在操作上分各种专业模式，调整参数比较复杂。另外，其电池续航能力较差，续航时间短，容易过热关机。

（2）微单相机

微单相机即微型可换镜头式单镜头数码相机。微单相机与单反相机最大的区别在于取景结构不同。单反相机采用光学取景结构，机身内部有反光板和五棱镜；微单相机则采用电子取景结构，机身内部没有反光板与五棱镜。

微单相机与单反相机，两者在拍摄视频的成像效果与画质水平方面并无优劣之分。由于取景器结构的不同，微单相机的重量更轻，体积更小，具有更好的便携性。

（3）运动相机

运动相机是一种专门用于记录运动画面的相机，特别是体育运动和极限运动。由于这种相机拍摄的对象是运动中的物体，且通常安装在运动物体上，例如，滑板底部、宠物身上、头盔顶部和汽车空间内等，所以运动相机必须具备防水防摔防尘、结实耐用、体积小、可穿戴、不影响摄像活动，以及超强的防抖技术等特性。

3. 摄像机

摄像机是专业的视频拍摄设备。摄像机的类型较多，拍摄视频常用到的摄像机分业务级摄像机和家用数码摄像机两种。

（1）业务级摄像机

业务级摄像机多用于新闻采访、活动记录等，通常使用数码存储卡存储视频画面，电池电量能够支持连续拍摄两小时以上，配备光圈、快门、色温、光学变焦和手动对焦等所有普通视频拍摄常用的硬件和快捷功能，且使用非常方便。

业务级摄像机还具有舒服的横式手持握柄和腕带，提高了手持稳定性，是集成度很高的专业视频拍摄设备。但与其他视频拍摄设备相比，业务级摄像机具有价格昂贵、体积较大、不便携带等特点。

（2）家用数码摄像机

家用数码摄像机是一种适合家庭使用的摄像机，这类摄像机具有体积小、重量轻、便于携带、操作简单等特点。家用数码摄像机主要应用在对图像质量要求不高的视频拍摄场合，如家庭聚会、旅游或娱乐等。

当智能手机普及后，家用数码摄像机的发展受到了很大的影响，普通用户拍摄视频通常都使用智能手机，因此家用数码摄像机逐渐被智能手机所替代。

↘ 4.2.2　视频拍摄的辅助设备

要想拍摄具有专业水准的视频作品，还需要一些辅助设备来帮助实现拍摄目的。视频拍摄的辅助设备包括稳定设备、录音设备、照明设备、摄影棚等。

1. 稳定设备

在拍摄视频时，首先要解决画面稳定的问题。画面稳定是对视频最基本的要求，因为长期观看晃动幅度较大的画面容易让人产生晕眩感和不适感。拍摄视频需要的稳定设备主要有三脚架（见图4-4）、滑轨（见图4-5）和手持稳定器（见图4-6）。

图4-4　三脚架　　　　　图4-5　滑轨　　　　　图4-6　手持稳定器

（1）三脚架

在进行视频拍摄时，最好选择摄像机三脚架。摄像机三脚架和摄影三脚架是有很大差别的，其材质更轻，在使用时会更平稳，配合摄像机云台，可以完成一些诸如推拉、升降镜头的动作，以提升视频画质，更好地完成拍摄任务。

创作者在拍摄时要根据不同的拍摄场景来选择三脚架：若为街拍，可以选用重量轻、体积小、收缩长度较短的三脚架，这样既方便携带，也不容易引起周围人的注意，能够迅速地进入拍摄状态；若拍摄场景是室内或影棚，则应把三脚架的稳定性放在第一位，而不再优先考虑三脚架的体积与重量；在风景旅游视频的拍摄中，应选择重量适中的三脚架，过重不易于携带，过轻容易产生摇晃。

（2）滑轨

滑轨是视频拍摄中一种比较常见的稳定设备，借助滑轨可以完成很多特效镜头的拍摄。滑轨最大的优点是操作简单、效果稳定，常用于近距离拍摄；缺点是容易受到滑轨长度的限制，而且滑轨的布置比较麻烦，只能在平坦的地面上架设。

（3）手持稳定器

对喜欢制作Vlog（视频博客）或者经常自拍的用户来说，手持稳定器是非常必要的稳定设备。手持稳定器不仅可以防止手抖带来的画面抖动，还具有精准的目标跟踪拍摄功能，能够跟踪锁定人脸及其他拍摄对象，让动态画面的每一个镜头都流畅、清晰。另外，它还支持运动延时、全景拍摄和延时拍摄等，能够满足创作者对视频拍摄的较高要求。

2. 录音设备

声音也是视频的重要组成要素，所以拍摄视频时除了拍摄设备自带的录音配置外，还需要配备一些专业的录音设备。在拍摄视频时，一般会采用现场的同期声，这就要求现场环境必须安静，否则收声效果会不理想。在比较嘈杂的环境中拍摄视频时，一般可以使用话筒等辅助的录音设备，话筒通常分为无线话筒和指向性话筒两种类型。

（1）无线话筒

无线话筒在视频拍摄中比较常用，一般安装在演员的衣领或上衣口袋中，以无线方式录制人物对白，较为隐蔽，不影响整体画面。

无线话筒通常由领夹式话筒、发射器和接收器三个部分组成，如图4-7所示。

●领夹式话筒：领夹式话筒主要用于收集声音，通常和发射器进行有线连接。

●发射器：发射器主要用于向接收器发送收集的声音，其体积小、重量轻，一般隐藏于演员的外衣下面或口袋。有些发射器自带话筒，可以直接安装在领夹式话筒的位置使用。

●接收器：接收器用于连接手机、相机或摄像机，接收发射器收集和录制的声音，然后将其传输和保存到这些摄像器材中。

（2）指向性话筒

指向性话筒就是常见的机顶话筒，直接连接手机、相机和摄像机，用于收集和录制声音，更适合现场收声的拍摄环境，如图4-8所示。指向性话筒有心形、超心型、8字型和枪型等类型。心形和超心型指向性话筒更适用于短视频的拍摄，而枪型指向性话筒更适用于采访类视频的拍摄。

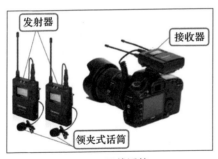

图4-7　无线话筒

图4-8　指向性话筒

3. 照明设备

若在室内拍摄视频，为了保证拍摄效果，需要配备必要的照明设备。常用的灯具包括冷光灯、LED灯、散光灯等，其中散光灯常用作顶灯、正面照射或者打亮背景。在使用照明设备时，还需要配备一些相应的照明附件，如柔光板、柔光箱、反光板、方格栅、长嘴灯罩、滤镜、旗板、调光器和色板等。

在视频拍摄中，合理布光的目的是让观众看清画面中的被摄主体。室外视频拍摄一般利用自然光，或者采用"自然光+补光"。利用自然光拍摄，能够使拍摄出来的视频效果更加真实，看起来更加自然。

在正常自然光线不足的情况下，就需要使用补光灯进行补光。一般补光灯都是采用LED光源，光线比较柔和，可以让画面更加清晰、自然，也可以让人物的皮肤更加白皙。此外，创作者还可以自由调节补光灯的亮度，配合超宽的照明角度，可以360°旋转，能够满足不同的拍摄需求。图4-9所示为两款常见的补光灯。

图4-9 补光灯

4. 摄影棚

摄影棚的搭建是视频拍摄前期准备中成本支出较高的一部分，它在专业的视频创作团队中是必不可少的。要想搭建一个摄影棚，首先需要一块较大的场地，因为过小的场地可能会导致摄像师的拍摄距离不够。

在摄影棚搭建完毕后，要进行摄影棚内部的装修设计。摄影棚的装修设计必须参考视频的主题，最大限度地利用场地，避免空间的浪费。

此外，视频的拍摄场景并不是一成不变的，这就要求摄影棚在场景设计上一定要灵活，这样才能保证在视频拍摄过程中可以自由地改变场景。

4.3 认识视频拍摄的重要参数

下面对视频拍摄的重要参数进行简单介绍，帮助读者了解并掌握相机或手机的相关功能。

4.3.1 视频拍摄的规格

使用相机拍摄视频前，创作者要先设置视频拍摄的规格，包括视频制式、视频帧率、视频分辨率、码率等。

NTSC和PAL属于全球两大主要的电视广播制式，NTSC制式的供电频率为60Hz，帧率为30fps。PAL制式的供电频率为50Hz，帧率为25fps。我国的电视和大多数的灯光设备使用50Hz交流电以25fps的帧率运行。因此，为了避免在灯光环境下拍摄视频时出现光线频闪现象，应尽量采用PAL制式。

视频可以看作是由连续的多个静态照片组成，并把这些静态照片放在一起快速播放出来，由于人眼的"视觉暂留"效应，视频画面看起来就是动态的。视频帧率就是指每秒中有多少个静态照片，单位是fps，帧率越高，画面越流畅；帧率越低，则画面越卡顿。在视频拍摄帧率设置中，可以选择的帧率有很多，其中NTSC制式的帧率主要有24fps、30fps、60fps，PAL制式的帧率主要有25fps、50fps、100fps。

视频分辨率类似于照片的分辨率，通常以像素数来计量，理论上视频分辨率越高，视频画面越清晰。常见的视频分辨率有720p、1080p和4K分辨率。按照16：9（宽：高）

的视频比例计算，720p分辨率的水平和垂直像素数为1280像素×720像素；1080p分辨率的水平和垂直像素数为1920像素×1080像素；4K分辨率的水平和垂直像素数为3840像素×2160像素。

码率是数据传输时单位时间传送的数据位数，单位是kbps（即千位每秒）。码率越高，对画面的描述越精细，画质的损失就越小，所得到的画面就越接近于原始画面，但同时也需要更大的存储空间来存放这些数据。

4.3.2　光圈、快门和感光度

曝光是指一定时间内到达相机感光元件的光量。根据曝光度的不同，画面可能会曝光不足（太暗），曝光过度（太亮）或曝光正常。曝光基于三个要素：光圈、快门和感光度，这三个要素对画面曝光的影响如图4-10所示。

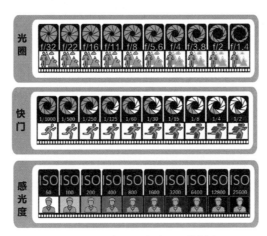

图4-10　曝光三要素对画面的影响

光圈是相机镜头中可以改变中间孔径大小的装置，主要用于控制光线落到感光元件上的光量。光圈用符号"f"表示，如f/1.4、f/5.6、f/8、f/16等。数值越大，光圈越小；数值越小，光圈越大。在相同快门和感光度的条件下，光圈越小，画面越暗，背景越清晰；光圈越大，画面越亮，背景越模糊。

快门控制感光元件曝光时间的长短，快门速度越快，进光量越少，画面越暗；快门速度越慢，进光量越多，画面越亮。在拍摄运动物体时，快门速度会影响被摄主体的清晰度，高速快门可以定格运动瞬间，慢速快门可以记录运动轨迹。

感光度就是相机对光线的敏感程度，感光度主要影响画面的亮度和画质。相同光圈和快门的条件下，感光度越高，画面越亮，画面细节损失越多，画质越差。一般在室外光线充足的情况下，将感光度设置为100或200；在室内光线较暗的情况下，将感光度设置为400左右；在晚上拍摄视频时，则需要设置更高的感光度，一般为800～1600。

4.3.3　测光模式

通俗地说，测光就是相机对光线强度的侦测，相机会根据侦测到的光线明暗情况自动设置参数，拍出其认为明暗合适的画面。常用的测光模式主要有三种：平均测光、中央重点测光和点测光。测光模式不同，拍出画面的明暗情况也不同。

●平均测光：对画面广泛区域进行测光，综合照顾各部分的亮度，并且对对焦区域有侧重加权照顾，适合大部分题材的拍摄，常用于画面整体光线反差不是很大的情况。平均测光模式一般是相机默认的测光模式。

●中央重点测光：对整个画面进行测光，但将最大比重分配给中央区域，主要用于拍摄有明显被摄主体的画面，对被摄主体进行测光，其他区域不作考虑。例如，在拍摄人像视频时，会对人脸进行测光，以保证脸部曝光正常。这种测光模式适用于拍摄被摄主体与周围亮度相差较大的情况。

●点测光：对画面测光点周围极小的区域进行测光，测光区域面积约占画面的2.5%，只保证测光点周围小区域的曝光准确。这种测光模式主要适用于逆光拍摄、追随拍摄、拍摄运动物体等情况。

↘ 4.3.4　曝光补偿

相机默认建议的曝光值能够适应大部分场景，但有些场景是不合适的，这时就可以通过调整"曝光补偿"这个参数来调整测光偏差。曝光补偿是增加还是减少要根据现场环境和拍摄题材而定，当环境整体明亮，画面局部较暗并丢失细节时，就要增加曝光补偿；反之，如果环境较暗，被摄主体明亮，就要减少曝光补偿。

↘ 4.3.5　对焦模式

对焦是指调整镜头焦点与被摄主体之间的距离，使被摄主体清晰成像的过程，这决定了被摄主体的清晰度。对焦模式包括自动对焦和手动对焦，在拍摄视频时，如果经常需要移动相机进行跟随拍摄，或者被摄主体在画面中经常移动，一般选择自动对焦模式。如果相机与被摄主体保持相对静止，一般选择手动对焦模式。

↘ 4.3.6　色温与白平衡

色温是照明光学中用于定义光源颜色的一个物理量，即把某个黑体加热到一个温度，其发射的光的颜色与某个光源所发射的光的颜色相同时，这个黑体加热的温度称之为该光源的颜色温度，简称色温，其单位用"K"表示。

通俗地说，色温就是衡量物体发光的颜色。与一般认知不同，红色、黄色为低色温，一般在3000K以下，白色为6000K左右，而蓝色为高色温，在10000K以上。光源冷暖与色温的对应关系如图4-11所示。

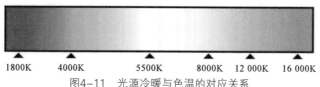

图4-11　光源冷暖与色温的对应关系

白平衡是一个比较抽象的概念，通俗的理解就是无论在何种光源下，都能将白色物体还原为白色，这时其他颜色的色偏自然也会被校正。调节白平衡的目的是正确地还原颜色，确保被摄主体的色彩不受光源色彩的影响。

4.4 使用相机拍摄视频

使用相机拍摄视频其实很简单，自动挡配合出色的自动对焦系统，就可以拍出不俗的视频，但要想得到更加专业的视频效果，还需要掌握一些关键要点。

↘ 4.4.1 设置录制格式和尺寸

设置录制格式和尺寸对相机拍摄视频十分重要，有些没有经验的新手创作者经常一拿起相机就开始拍摄，拍摄完后发现拍摄的视频尺寸不对，但此时可能已经没有重新拍摄的机会了，这就会造成很多不必要的麻烦和问题。在没有特殊要求的情况下，一般建议选择录制帧率为25fps，码率为50Mbps的高清视频，如图4-12所示。如果要录制慢动作视频，可以选择100fps的帧率，在后期剪辑视频时可将速度放慢为25%。

↘ 4.4.2 使用手动曝光模式

使用相机拍摄视频时，建议选择手动曝光模式进行拍摄（见图4-13），以便在视频拍摄时灵活地设置光圈、快门、感光度等参数，从而精确地控制画面的曝光成像，这样在拍摄过程中相机就不会由于被摄主体和环境的变化而产生颜色的随机反应。

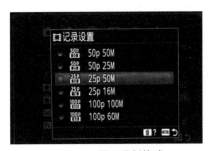

图4-12 设置录制格式

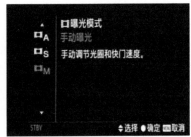

图4-13 设置手动曝光

设置手动曝光后，要设置的第一个曝光参数是快门。快门速度越慢，画面的运动模糊越明显，容易产生拖影；快门速度越快，画面越清晰、锐利，越容易导致播放画面卡顿。为了保证视频画面更符合人眼所看到的动态模糊效果，一般要将快门速度设置为视频拍摄帧率2倍的倒数，然后根据拍摄环境设置光圈大小和感光度。一般先根据想要的景深范围设置合适的光圈大小，然后调整感光度，以获得正常的曝光。

↘ 4.4.3 设置白平衡

相机的自动白平衡功能虽然在拍摄照片时用起来比较简便，但在拍摄视频时并非如此。由于拍摄视频时会有较多的环境变化，使用自动白平衡功能可能会导致拍摄的各个视频画面颜色不一，画面效果出入很大。

因此，在使用相机拍摄视频时，需要将白平衡调整为手动模式。一般情况下，可以将色温设置为4900K～5300K，这是一个中性值，适合大部分拍摄题材；如果拍摄环境色温偏黄，可以设置为3200K～4300K；如果拍摄环境色温偏蓝或是阴天，则可以设置为6500K左右。

↘ 4.4.4　设置对焦模式

对焦是视频拍摄中很重要的一环，相机的对焦设置包括自动对焦和手动对焦两种。以微单相机为例，设置自动对焦的方法为：在相机菜单中选择"AF/MF"选项，然后选择"对焦模式"选项，在右侧设置对焦模式即可，如图4-14所示。为了更加灵活地适应各种拍摄需求，在该界面中还可以设置"AF过渡速度"和"AF摄体转移敏度"。

设置自动对焦模式后，可以根据视频拍摄要求选择对焦区域，包括广域、区、中间固定、点、扩展点等，如图4-15所示。若被摄主体是人，在设置自动对焦时还可以进一步设置人脸/眼部自动检测对焦。

图4-14　选择"AF/MF"选项　　　　图4-15　选择对焦区域

若拍摄场景无法使用自动对焦满足视频拍摄要求，如微距拍摄、画面虚实变焦或焦点转移，则需要使用手动对焦。设置方法为：在相机菜单中选择手动对焦，然后在拍摄时匀速转动对焦环来实现画面的虚实焦点变化。

↘ 4.4.5　选择色彩模式

相机拍摄视频的色彩模式主要有三种，按照颜色的宽容度从低到高排列，依次为普通模式、HLG模式和LOG模式。

普通模式下显示的颜色是正常的，但宽容度比较低，在拍摄一些极端环境时会出现暗部过黑、亮部过曝的情况。例如，阴影部分曝光正常时，高光部分往往就会过曝；反之，高光部分曝光正常时，阴影部分就会欠曝。

与普通模式对比，HLG模式有着较高的色彩宽容度，采用该模式拍摄的画面暗部细节更多，亮部更有层次感。

LOG模式的色彩宽容度在三种色彩模式中是最高的，拍出的视频画面低饱和、低对比，也就是通常所说的"灰片"。这种模式可以为视频画面存储更多的色彩信息，让影像看上去更加生动、真实，而且能为后期剪辑留下较大的调整空间。

4.5　使用手机拍摄视频

在使用手机拍摄视频时，通过调整拍摄参数可以大幅提高视频的质量。下面以华为手机为例，详细介绍使用手机拍摄视频时的参数设置。

↘ 4.5.1　设置视频拍摄参数

使用手机拍摄视频时，要先对视频分辨率和视频帧率进行设置，具体操作方法如下。

步骤 **01** 打开手机相机，在下方点击"录像"按钮，进入视频拍摄界面。在界面上方点击"设置"按钮 ⚙，如图4-16所示。

步骤 **02** 进入"设置"界面，在"视频"分组中点击"视频分辨率"选项，在弹出的界面中选择视频分辨率，如图4-17所示。

步骤 **03** 点击"视频帧率"选项，在弹出的界面中选择视频帧率，如图4-18所示。还可以根据需要打开拍摄辅助功能，如打开"参考线""水平仪""定时拍摄"功能，以及在拍摄界面打开闪光灯进行拍摄补光等。

图4-16　点击"设置"按钮　　　图4-17　选择视频分辨率　　　图4-18　选择视频帧率

↘ 4.5.2　画面对焦与曝光设置

手机相机默认的对焦方式为自动对焦，进行取景时会自动判断被摄主体，并使被摄主体变得清晰。当画面焦点不是想要突出的被摄主体时，创作者只需在被摄主体位置上点击，屏幕上就会出现一个对焦框，其作用是对框住的被摄主体进行自动对焦和曝光。

在拍摄动态画面时，随着对焦位置被摄主体的改变或光线环境的变化，手机相机会自动重新对焦并测光，这会导致反复识别被摄主体、实焦虚焦连续变换的情况，使画面变得不稳定。此时就需要启动"锁焦"功能，点击被摄主体并长按两秒，屏幕上方就会出现"曝光和对焦已锁定"字样，这样在光线稳定的前提下，无论画面如何移动，被摄主体会始终保持清晰且亮度统一，如图4-19所示。

锁定曝光和对焦后，创作者可以根据视频拍摄要求手动调整曝光补偿，以改变画面亮度。拖动对焦框旁的 ☀图标调整曝光补偿，向上拖动可以增加亮度，向下拖动可以降低亮度，如图4-20所示。

图4-19　锁定曝光和对焦

图4-20　调整曝光补偿

↘ 4.5.3　使用"专业"模式拍摄

手机相机的"专业"模式提供了像专业单反相机一样全手动操控拍摄参数的功能，如测光模式、曝光补偿、快门速度、感光度、白平衡等，让创作者拍出想要的画面效果。

在"相机"拍摄界面下方点击"专业"按钮，进入"专业"模式拍摄界面，默认为拍照模式，点击"视频"按钮■，切换为拍视频模式。点击"M"按钮，选择所需的测光模式，如果点击"矩阵测光"按钮□并查看画面效果，可以看到当前的感光度ISO为2000，快门速度S为1/50，如图4-21所示；如果点击"点测光"按钮•，可以看到画面效果发生变化，感光度ISO自动变为1600，如图4-22所示。

图4-21　点击"矩阵测光"按钮

图4-22　点击"点测光"按钮

点击"EV"按钮，然后拖动滑块调整曝光补偿，在调整曝光补偿时可以看到感光度ISO和快门速度S会自动发生变化，以改变画面曝光，当调到自己想要的画面效果后，长按"EV"按钮即可锁定曝光，如图4-23所示。创作者也可以手动调整快门速度S和感光度ISO，在此将快门速度S调整为1/30，将感光度ISO调整为250，以减少画面噪点，查看此时的画面效果，如图4-24所示。

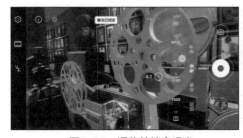

图4-23　调整并锁定曝光

图4-24　手动调整曝光

点击"AF"按钮，可以看到有AF-S（单次自动对焦）、AF-C（连续对焦）和MF（手动对焦）三种对焦模式。其中，AF-S模式适合拍摄静止的物体；AF-C模式适用于拍摄运动场景，以便在画面中自动对焦，当被摄主体是人物时，还会自动对焦到人物的面部，如图4-25所示。

MF模式适用于自动对焦不准确的情况，如画面中被摄主体较多、拍摄环境较暗、画面对比度低、微距拍摄等。拖动滑块调整画面焦点位置，使画面变得更为清晰，如图4-26所示。向左拖动滑块，将画面焦距向微距方向调整，此时画面变得虚化，如图4-27所示。此外，MF模式还可以实现画面中焦点的转移，如画面焦点由前景转移到被摄主体。

图4-25　AF-C模式　　图4-26　拖动滑块调整画面焦点位置　　图4-27　画面虚化

点击"白平衡"按钮 **WB**，在打开的选项中可以选择预设的白平衡模式，包括"AWB（自动模式）""阴天模式""荧光模式""白炽灯模式""日光模式""自定义模式"等，默认为"AWB"，效果如图4-28所示。点击"自定义模式"按钮 ，拖动滑块将色温值调到5100K，可以看到画面变为较暖的色调，如图4-29所示。一般情况下，将白平衡设置为"AWB"即可，当画面色彩与实际色彩相差较大时，再通过后期调色工具校准白平衡。

图4-28　自动色温　　　　　　　　　　图4-29　调整色温

↘ 4.5.4　拍摄延时视频

延时视频是一种将时间压缩的拍摄技术，拍摄的是一组照片或视频，后期通过照片串联或视频抽帧，把几分钟、几小时，甚至几天、几年的过程压缩到一个较短的时间内播放，以明显变化的影像再现景物缓慢变化的过程。延时视频主要用于云海、日转夜、城市的车水马龙、建筑制造、生物演变等场景的拍摄。

在使用手机拍摄延时视频时，需使手机处于稳定的状态，可以利用三脚架固定手机拍摄固定延时视频，也可以利用手机稳定器拍摄移动延时视频。拍摄延时视频的方法如下。

步骤 01 在手机相机界面下方点击"更多"按钮，在打开的界面中点击"延时摄影"按钮 ◙ ，如图4-30所示。

步骤 02 选择合适的拍摄焦距，并点击画面进行自动对焦和曝光，然后点击"拍摄"按钮 ⊙ ，即可使用自动模式拍摄延时视频。若要调整拍摄参数，则点击"自动"按钮 ▣ ，如图4-31所示。

图4-30　点击"延时摄影"按钮　　　　图4-31　点击"自动"按钮

步骤 03 点击"速率"按钮 ◌ ，根据拍摄内容拖动滑块选择速率，速率越高，生成的视频播放速度就越快，如图4-32所示。

步骤 04 点击"PRO"按钮，进入专业模式，设置各项拍摄参数，如白平衡、ISO、快门速度、对焦模式、测光方式及曝光补偿等，如图4-33所示。

图4-32　选择速率　　　　图4-33　设置拍摄参数

↘ 4.5.5　拍摄慢动作视频

慢动作视频也称升格视频，在拍摄时选择更高的帧率进行拍摄，如120 fps、240fps、960 fps，这样在放映时以30 fps的帧率放映，即可实现画面慢放效果。下面将介绍如何使用手机拍摄慢动作视频，具体操作方法如下。

步骤 ① 在手机相机界面下方点击"更多"按钮，然后点击"慢动作"按钮 ⬛，进入慢动作模式，拖动焦距滑块调整合适的拍摄焦距，然后点击画面进行自动对焦和曝光，如图 4-34 所示。

步骤 ② 点击"速率"按钮 ⬛，拖动滑块选择所需的速率，点击"录制"按钮 ⊙，开始拍摄慢动作视频，如图 4-35 所示。

图4-34 调整焦距　　　　　　　　　　　图4-35 选择速率

步骤 ③ 慢动作视频拍摄完成后，在相册中播放视频，点击下方时间轴左侧的"慢动作"按钮 ⊖，如图 4-36 所示。

步骤 ④ 进入"慢动作调整"界面，拖动白色滑杆调整慢动作区域，然后点击 ✓ 按钮，如图 4-37 所示。

图4-36 点击"慢动作"按钮　　　　　　　图4-37 调整慢动作区域

步骤 ⑤ 点击"返回"按钮，返回视频预览界面，点击"分享"按钮 ⬛，开始进行慢动作视频格式转换，如图 4-38 所示。

步骤 ⑥ 转换完成后进入分享界面，将慢动作视频分享到其他 App，如 QQ、微信，如图 4-39 所示。若要将慢动作视频保存到手机中，则点击手机自带的"花瓣剪辑"图标，进入视频剪辑界面后点击"导出"按钮，并设置"原尺寸导出"即可。

图4-38 点击"分享"按钮　　　　　　　图4-39 分享慢动作视频

课后实训：使用手机拍摄网络视频

1. 实训目标

练习使用手机拍摄网络视频。

2. 实训内容

5人一组，以小组为单位，根据感兴趣的内容选择一个视频主题，使用手机拍摄各镜头素材。

3. 实训步骤

（1）设置视频拍摄参数

在拍摄前设置手机相机视频拍摄参数，根据视频主题选择合适的分辨率和帧率。在拍摄时调整好画面对焦与曝光，并根据需要锁定对焦和曝光。

（2）使用"专业"模式拍摄视频

在"专业"模式下调整快门速度、感光度及色温参数并拍摄高质量的视频画面。使用自动对焦模式拍摄人物运动视频，使用手动对焦模式拍摄焦点转移的画面。

（3）拍摄延时视频

拍摄一段10秒钟左右的延时视频，可以使用三脚架拍摄固定延时视频，或者使用手机稳定器拍摄移动延时视频。

（4）拍摄慢动作视频

使用"慢动作"功能拍摄精彩的运动瞬间，如奔跑、表情变化、水花飞溅等。

（5）实训评价

进行小组自评和互评，撰写个人心得和总结，最后由教师进行评价和指导。

课后思考

1. 简述视频拍摄的常用设备和辅助设备。

2. 简述视频拍摄中常用的测光模式。

3. 简述使用手机拍摄动态画面时，如何设置画面对焦与曝光。

第 5 章　PC端视频剪辑：使用Premiere制作视频

【知识目标】

- 掌握使用Premiere剪辑视频的方法。
- 掌握制作视频效果的方法。
- 掌握添加与编辑音频的方法。
- 掌握添加与编辑字幕的方法。
- 掌握制作视频片头和片尾的方法。
- 掌握视频调色与导出视频的方法。

【能力目标】

- 能够使用Premiere对视频素材进行粗剪。
- 能够使用Premiere为视频制作各种视频效果。
- 能够使用Premiere在视频中添加音频和字幕。
- 能够使用Premiere为视频制作片头和片尾。
- 能够使用Premiere对视频进行调色并导出视频。

【素养目标】

- 利用视频弘扬中国品牌，以品牌建设推动高质量发展。
- 培养节奏把控思维，在视频创作中正确把握"节奏感"。

　　Premiere作为一款非线性视频编辑处理软件，是视频后期制作领域应用非常广泛的工具。它具有视频剪辑、画面调校、视频调色、视频转场、字幕编辑、音频编辑、视频特效等强大的功能，可以充分发挥用户的创意能力和创作自由度。本章将以制作会展活动视频为例，介绍使用Premiere制作视频的操作方法。

5.1　认识PC端视频剪辑

下面简要介绍PC端视频剪辑的特点与优势，PC端视频剪辑的常用软件，以及PC端视频剪辑的基本流程。

5.1.1　PC端视频剪辑的特点与优势

PC端视频剪辑主要应用在对视频质量要求比较高的场景，如影视制作、广告制作、宣传片制作、中长视频制作等。

PC端视频剪辑主要具有以下特点与优势。

（1）高性能

PC端剪辑软件通常具有更强的处理能力和更多的编辑工具，可以提供更高级的剪辑和后期制作功能。

（2）更大的存储空间

PC端设备具有更大的存储空间，可以更好地处理大型项目和高清视频。

（3）精细化剪辑

PC端剪辑软件可以通过鼠标和键盘等输入设备进行更精细的控制，屏幕视野更宽阔，可同时操控的内容和功能区更丰富，可以更精确地对视频进行剪辑和调整。

（4）多格式支持

PC端剪辑软件通常支持丰富的视频和音频格式，兼容性更强。

（5）丰富的特效和插件

PC端剪辑软件通常提供丰富的特效和插件，可以增强视频的质量和创意性。

5.1.2　PC端视频剪辑的常用软件

下面简要介绍5款常用的PC端视频剪辑软件，分别为Premiere、After Effects、Edius、会声会影和爱剪辑。

1．Premiere

Premiere是由Adobe公司开发的一款非线性视频剪辑软件，它在影视后期制作、广告制作、电视节目制作等领域有着广泛的应用，在网络视频制作领域同样也是非常重要的工具。Premiere具有强大的视频剪辑能力，易学且高效。

2．After Effects

After Effects是Adobe公司推出的一款图形视频处理软件，它可以帮助用户高效且精确地创建动态图形和令人震撼的视觉效果。利用与其他Adobe软件的紧密集成和高度灵活的2D和3D合成，以及数百种预设的效果和动画，After Effects可以为视频作品增添令人耳目一新的效果，主要应用于MG（Motion Graphic，动态影像）设计、媒体包装和VFX（Visual Effects，视觉特效）。

3．Edius

Edius是一款出色的非线性视频剪辑软件，专为满足广播电视和后期制作环境的需要而设计。它提供了实时、多轨道、多格式混编、合成、色键、字幕和时间线输出等功能，让用户可以使用任何视频标准并使视频达到1080p或4K数字电影的分辨率。同时，Edius支持所有主流编解码器的源码编辑，甚至当不同的编码格式在时间线上混编时都无须转码。

4．会声会影

会声会影是一款功能强大的视频剪辑软件，具有图像抓取和编修功能，可以抓取转换MV、DV、TV和实时记录抓取画面文件，并提供了100多种的剪辑功能与效果。它拥有上百种滤镜、转场特效及标题样式，操作简单且功能全面，能够让用户快速上手，适合视频剪辑初学者使用。

5．爱剪辑

爱剪辑是一款简单实用、功能强大的视频剪辑软件，它可以根据用户的需求自由地拼接和剪辑视频，其创新的人性化界面是根据人们的使用习惯、功能需求与审美特点进行设计的。爱剪辑支持为视频添加字幕、调色、添加相框等剪辑功能，具有诸多创新功能和影院级特效。

↘ 5.1.3　PC端视频剪辑的基本流程

一般来说，PC端视频剪辑主要包括以下基本流程，如图5-1所示。

1 整理素材
对拍摄的素材按照时间顺序或设计的脚本进行整理和归类。

2 设计剪辑流程
结合素材和脚本设计剪辑的流程。

3 视频粗剪
按照脚本顺序组接素材，使画面连贯，形成视频初稿。

4 视频精剪
修剪多余的视频画面，对画面进行颜色校正，制作画面特效、转场等。

5 编辑音频与字幕
添加音频，调整音量，设置音效，并配上所需的字幕。

6 输出视频
根据需要进行风格化调色，添加片头或片尾，并输出视频为特定格式。

图5-1　PC端视频剪辑的基本流程

5.2　使用Premiere剪辑视频

下面将介绍使用Premiere剪辑视频的基本操作，包括新建项目与预览视频素材、新建序列、粗剪视频、调整剪辑，以及调整画面构图。

↘ 5.2.1　新建项目与预览视频素材

使用Premiere剪辑视频之前，要先新建一个项目文件，然后将要用到的视频素材导入项目中，并对视频素材进行预览和管理，具体操作方法如下。

视频

新建项目与预览
视频素材

步骤 01 启动 Premiere CC 2019 程序，在菜单栏中单击"文件"|"新建"|"项目"命令，在弹出的"新建项目"对话框中设置项目名称和保存位置，单击"确定"按钮，如图 5-2 所示。

步骤 02 在"项目"面板中双击或按【Ctrl+I】组合键，打开"导入"对话框，选中要导入的音频和视频素材，然后单击"打开"按钮，如图5-3所示。

图5-2　新建项目

图5-3　导入视频素材

步骤 03 在"项目"面板下方单击"图标视图"按钮，切换为图标视图。单击"排序图标"按钮，在弹出的列表中选择"名称"选项，即可按名称对视频素材进行排序，如图 5-4 所示。

步骤 04 在"项目"面板下方拖动缩放滑块，调整视频素材缩览图大小。将鼠标指针置于缩览图上并左右滑动，即可快速预览视频素材内容，如图 5-5 所示。

图5-4　对视频素材排序

图5-5　预览视频素材

步骤 05 在"项目"面板中双击视频素材，在此双击"视频2"素材，即可在"源"面板中加载并预览该素材，如图 5-6 所示。该素材是用相机拍摄的 LOG 模式的视频，画面整体颜色偏灰，需要先使用颜色预设将其还原为正常的颜色。

步骤 06 单击"窗口"｜"Lumetri 颜色"命令，打开"Lumetri 颜色"面板，在"项目"面板中双击"视频2"素材进行加载，在"Lumetri 颜色"面板中展开"创意"选项组，如图 5-7 所示。

步骤 07 在"Look"下拉列表框中选择"浏览"选项，在弹出的对话框中选择颜色还原文件，然后单击"打开"按钮，如图 5-8 所示。

步骤 08 调整"强度"参数为80.0，然后调整"锐化""自然饱和度"等参数，如图 5-9 所示。

图5-6　预览"视频2"素材

图5-7　展开"创意"选项组

图5-8　选择颜色还原文件

图5-9　调整参数

步骤 09 在"源"面板中可以看到"视频 2"素材的画面颜色被还原为正常颜色，如图 5-10 所示。

步骤 10 选择"效果控件"面板，可以看到为"视频 2"素材添加的"Lumetri 颜色"效果。用鼠标右键单击该效果，选择"复制"命令，如图 5-11 所示。

图5-10　预览画面颜色

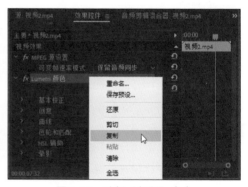

图5-11　选择"复制"命令

步骤 ⑪ 在"项目"面板中选中其他视频素材并用鼠标右键单击，选择"粘贴"命令，即可将"Lumetri 颜色"效果应用到其他视频素材中，如图 5-12 所示。

步骤 ⑫ 在"项目"面板中双击任一视频素材，如双击"视频 13"素材，在"源"面板中预览画面颜色效果，此时可以看到画面已经还原为正常颜色，如图 5-13 所示。

图5-12　选择"粘贴"命令

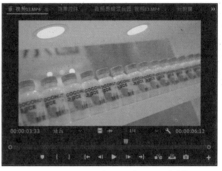

图5-13　预览"视频13"素材

5.2.2　新建序列

在剪辑视频前要先新建一个序列，它相当于一个存放视频、音频、图形等剪辑的容器，添加序列中的视频剪辑会形成一段连续播放的视频。新建序列的具体操作方法如下。

视频

新建序列

步骤 ① 在"项目"面板右下方单击"新建项"按钮，在弹出的列表中选择"序列"选项，如图 5-14 所示。

步骤 ② 打开"新建序列"对话框，选择"序列预设"选项卡，其中包含了一些典型序列类型的设置，在此选择"AVCHD 1080p30"预设，如图 5-15 所示。

图5-14　选择"序列"选项

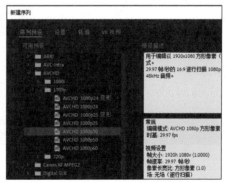

图5-15　选择序列预设

步骤 ③ 要更改预设序列的默认设置，可以选择"设置"选项卡，在"编辑模式"下拉列表框中选择"自定义"选项，然后设置序列的各项播放参数，如时基、帧大小等，在此将"时基"设置为"30.00 帧 / 秒"，如图 5-16 所示。

步骤 ④ 在"序列名称"文本框中输入序列名称，然后单击"确定"按钮，即可新建序列，如图 5-17 所示。若经常用到此序列参数，可以单击"保存预设 ..."按钮，将其保存为序列自定义预设。

图5-16　更改预设序列的默认设置　　　　　图5-17　输入序列名称

↘ 5.2.3　粗剪视频

下面对会展活动视频进行粗剪，按照剪辑思路将要使用的素材依次
添加到序列中，具体操作方法如下。

视频

粗剪视频

步骤 01 在"项目"面板中双击"视频1"素材，在"源"面板中预
览素材，该素材为会展活动所在城市的航拍镜头，可以用作视频的片头
镜头。拖动播放滑块，将其移至所需视频片段的起始位置，单击"标记
入点"按钮，拖动播放滑块至所需视频片段的结束位置，单击"标记
出点"按钮，即可设置剪辑范围，如图5-18所示。

步骤 02 按住"仅拖动视频"按钮将该剪辑拖动到序列的V1轨道上，在弹出的对
话框中单击"保持现有设置"按钮，将"视频1"剪辑转换为序列设置的播放参数，如
图5-19所示。

图5-18　标记入点和出点

图5-19　单击"保持现有设置"按钮

步骤 03 此时即可将"视频1"剪辑添加到序列中，按【\】键可以将时间轴缩放到整
个序列的长度，再次按该键可以还原时间轴缩放比例，如图5-20所示。

步骤 04 采用同样的方法，将"视频2""视频3""视频4""视频5"4个视频剪辑
依次添加到序列中，如图5-21所示。在"时间轴"面板中使用选择工具拖动视频剪辑
的边缘即可修剪视频剪辑，可以使用剃刀工具或按【Ctrl+K】组合键分割视频剪辑。

步骤 05 在"节目"面板中预览这4个视频剪辑，该部分视频主要展示会展活动的外
部场景，包括附近的地标建筑、会展活动的广告牌、会展活动的旗帜、会展活动的入口
等，如图5-22所示。

图5-20　还原时间轴缩放比例

图5-21　继续添加视频剪辑

图5-22　预览视频剪辑1

步骤 06 将"视频6"～"视频13"8个视频剪辑依次添加到序列中，该部分视频主要展示商品品牌方展位的整体效果和局部效果，以及展出的商品，并使用展厅屋顶画面作为转场镜头。在"节目"面板中预览这些视频剪辑，如图5-23所示。

图5-23　预览视频剪辑2

步骤 07 将"视频14"～"视频21"8个视频剪辑依次添加到序列中，该部分视频主要展示会展活动的整体情况，包括展厅宣传广告、参会人群、其他展位的情况等。在"节目"面板中预览这些视频剪辑，如图5-24所示。

图5-24　预览视频剪辑3

步骤 08 将"视频 22"～"视频 37"16 个视频剪辑依次添加到序列中，该部分视频主要展示品牌方展位上繁忙的场景，包括展位周围的人群、顾客咨询、品牌方工作人员讲解等，并使用展位特写、商品特写等镜头用作过渡镜头或叠加特效镜头。在"节目"面板中预览这些视频剪辑，如图 5-25 所示。

图5-25　预览视频剪辑4

步骤 09 将"视频 38"～"视频 41"4 个视频剪辑依次添加到序列中，该部分视频为顾客接受采访的镜头。在"节目"面板中预览这些视频剪辑，如图 5-26 所示。

图5-26　预览视频剪辑5

步骤 10 将"视频 42"～"视频 54"13 个视频剪辑依次添加到序列中，该部分视频为顾客手拿饮品摇晃、喝饮品，以及与展位合影的镜头，并将饮品特写镜头和展位全景镜头用作转场镜头。在"节目"面板中预览这些视频剪辑，如图 5-27 所示。

图5-27　预览视频剪辑6

步骤 11 将"视频 55"和"视频 56"剪辑依次添加到序列中，"视频 55"剪辑为会展活动即将散场时展位旁人群走动的镜头，"视频 56"剪辑为透过窗口拍摄窗外的夕阳的镜头，将"视频56"剪辑作为短视频的片尾。在"节目"面板中预览这两个视频剪辑，如图5-28所示。

图5-28　预览视频剪辑7

步骤 ⑫ 在序列中添加视频剪辑时，有时要使用素材中的不同片段，此时可以通过制作子剪辑将素材分成若干片段。例如，在"视频39"素材中将顾客喝饮品的片段制作为子剪辑，在"源"面板中标记该片段的入点和出点，然后用鼠标右键单击视频画面，选择"制作子剪辑"命令，在弹出的"制作子剪辑"对话框中输入子剪辑名称，单击"确定"按钮，如图5-29所示。

步骤 ⑬ 子剪辑制作完成后，在"项目"面板中查看制作的子剪辑，如图5-30所示。

图5-29　制作子剪辑　　　　　　　　　　图5-30　查看子剪辑

步骤 ⑭ 双击子剪辑，在"源"面板中进行预览，然后按住"仅拖动视频"按钮▣将子剪辑拖至"视频54"剪辑的右端，在拖动时按住【Ctrl】键，此时"覆盖"操作变为"插入"操作，插入位置显示带锯齿的竖线，如图5-31所示。

步骤 ⑮ 此时即可将子剪辑插入"视频54"剪辑的右侧，如图5-32所示。

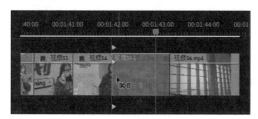

图5-31　拖动子剪辑　　　　　　　　　　图5-32　插入子剪辑

↘ 5.2.4 调整剪辑

下面对序列中的剪辑进行修剪和调整，包括根据音乐节奏调整剪辑点、波纹修剪剪辑、滚动修剪剪辑、设置剪辑播放速度、设置剪辑倒放、替换剪辑内容、复制剪辑、叠加剪辑等，具体操作方法如下。

步骤 01 在"项目"面板中双击"背景音乐"素材，在"源"面板中的 00:01:00:20 位置标记出点，该位置为下一个音乐段落的开始位置。按住"仅拖动音频"按钮 ↔ 将该剪辑拖动到 A1 音频轨道上，如图 5-33 所示。

步骤 02 在"源"面板中 00:01:31:13 位置标记入点，该位置与前一个剪辑出点位置的节奏相同。在 00:01:57:05 位置标记出点，该位置为音乐两个大段落过渡部分的一帧，在此将该过渡部分用作视频背景音乐的结束部分，如图 5-34 所示。按住"仅拖动音频"按钮 ↔ 将该剪辑拖动到 A1 音频轨道上，与前一个音频剪辑组接。

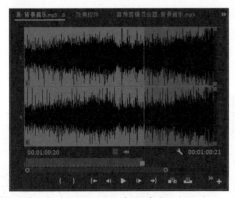

图5-33 标记出点

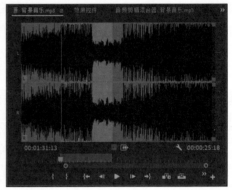

图5-34 标记入点和出点

步骤 03 打开"效果"面板，在"音频过渡"效果组中选择"恒定功率"效果，如图 5-35 所示。

步骤 04 将"恒定功率"效果拖至两个音频剪辑的组接位置，为音频剪辑添加过渡效果，使两个音频剪辑之间可以平滑转换，如图 5-36 所示。

图5-35 选择"恒定功率"效果

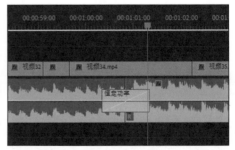

图5-36 添加"恒定功率"效果

步骤 05 在"时间轴"面板头部单击"对齐"按钮 🧲，启用该功能可以在拖动剪辑时使剪辑边缘对齐。单击 A1 轨道左侧的"切换轨道锁定"按钮🔒，锁定该轨道。双击 A1 轨道将其展开，根据音乐波形将播放头拖至第 1 个视频剪辑要切换的位置，按【B】键调用波纹编辑工具➠，使用该工具选中"视频 1"剪辑的右边缘，如图 5-37 所示。

步骤 06 按【E】键或拖动"视频 1"剪辑的右边缘到播放头位置，其右侧的视频剪辑将一起向左移动，如图 5-38 所示。也可以选中视频剪辑后按【Q】键或【W】键进行左侧或右侧波纹修剪。

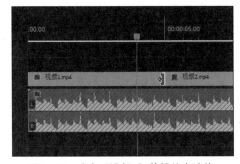

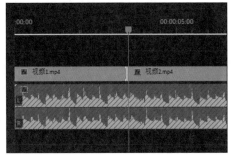

图5-37　选中"视频1"剪辑的右边缘　　　　图5-38　拖动"视频1"剪辑的
右边缘到播放头位置

步骤 07 根据背景音乐的节奏将播放头移至下一个音乐节拍位置，按【R】键调用比率拉伸工具➠，使用该工具向左拖动"视频 2"剪辑的右边缘到播放头位置，可以看到"视频 2"剪辑的长度缩短，在该剪辑上还显示它的播放速度，如图 5-39 所示。

步骤 08 按【A】键调用向前选择工具➠，此时鼠标指针变为➠样式，按住【Shift】键后鼠标指针将变为➠样式，此时可以选中单个轨道上鼠标指针右侧的所有视频剪辑，在此选中"视频 4"剪辑并向右拖动，将右侧的视频剪辑整体向右拖动，为"视频 3"剪辑右侧留出空隙，如图 5-40 所示。

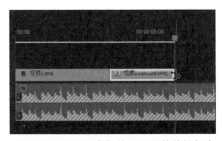

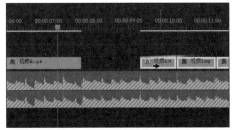

图5-39　使用比率拉伸工具调整剪辑长度　　　图5-40　整体拖动视频剪辑

步骤 09 选中"视频 3"剪辑，按【Ctrl+R】组合键打开"剪辑速度/持续时间"对话框，设置"速度"为 50%，单击"确定"按钮，即可使"视频 3"剪辑的播放速度降为正常速度的一半，如图 5-41 所示。但是，"速度"为 50% 时会让视频剪辑播放起来变得卡顿，此时可以通过"解释素材"功能降低该剪辑源素材的帧速率，使该剪辑实现慢速播放。

步骤 10 在"项目"面板中选中"视频 3"素材，可以看到帧速率为 50.00fps，如图 5-42 所示。

图5-41　设置剪辑速度

图5-42　选中"视频3"素材

步骤 ⑪ 单击"剪辑"|"修改"|"解释素材"命令，弹出"修改剪辑"对话框，在"帧速率"选项区中选中"采用此帧速率"单选按钮，设置帧速率为 30.00 fps，与序列的帧速率相同，然后单击"确定"按钮，即可以 0.6 倍的帧速率播放该剪辑，如图 5-43 所示。

步骤 ⑫ 在"时间轴"面板头部单击 V1 轨道最左侧的控件，启用源轨道指示器，设置 V1 轨道为源修补轨道。选中"视频 3"剪辑，按【/】键在序列中为该剪辑标记入点和出点，如图 5-44 所示。

图5-43　设置帧速率

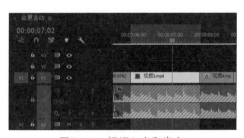

图5-44　标记入点和出点

步骤 ⑬ 在"项目"面板中双击"视频 3"素材，在"源"面板中根据需要重新标记剪辑的入点和出点，然后单击"覆盖"按钮，如图 5-45 所示。

步骤 ⑭ 弹出"适合剪辑"对话框，选中"更改剪辑速度（适合填充）"单选按钮，然后单击"确定"按钮，如图 5-46 所示。

图5-45　单击"覆盖"按钮

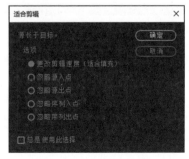

图5-46　更改剪辑速度

步骤 ⑮ 此时，新的"视频3"剪辑将覆盖原剪辑，并根据序列中标记的范围自动调整播放速度，如图5-47所示。

步骤 ⑯ 根据音乐节奏对后面的视频剪辑进行修剪，将"视频14"剪辑移至V2轨道上，置于"视频13"剪辑的上方，让这两个剪辑进行叠加，如图5-48所示。

图5-47　覆盖原剪辑　　　　　　　　　　　图5-48　叠加剪辑

步骤 ⑰ 在序列中选中"视频18"剪辑，打开"剪辑速度／持续时间"对话框，选中"倒放速度"复选框设置剪辑倒放，然后单击"确定"按钮，如图5-49所示。采用同样的方法设置"视频17""视频19""视频25"等剪辑倒放，使画面运镜方向保持一致。

步骤 ⑱ 按【N】键调用滚动编辑工具 ，使用该工具调整"视频27"和"视频28"剪辑点的位置到音乐节奏点位置，这样在调整剪辑点时只会影响这两个视频剪辑的长度，不影响其他视频剪辑，如图5-50所示。若要在修剪视频剪辑时进行更多的控制，可以使用修剪工具双击剪辑点，使用"节目"面板的修剪模式修剪视频剪辑。

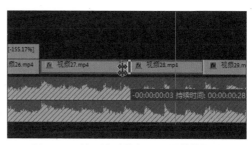

图5-49　选中"倒放速度"复选框　　　　图5-50　使用滚动编辑工具调整剪辑点

步骤 ⑲ 在序列中选中"视频45"剪辑，按【F】键即可在"源"面板中匹配相应的帧，如图5-51所示。

步骤 ⑳ 拖动剪辑范围中间的■图标，当鼠标指针变为 样式时可以重新选择剪辑范围，如图5-52所示。

步骤 ㉑ 按住"仅拖动视频"按钮 将新剪辑拖到"节目"面板中，此时"节目"面板被分为几个操作区域，在此选择"替换"选项，即可替换原剪辑内容，如图5-53所示。

步骤 ㉒ 按【Y】键调用外滑工具 ，使用该工具在"视频42"剪辑上向左或向右拖动，即可改变"视频42"剪辑的入点和出点，将"视频42"剪辑中的可见内容调整到适当的位置，如图5-54所示。

图5-51　匹配帧

图5-52　重新选择剪辑范围

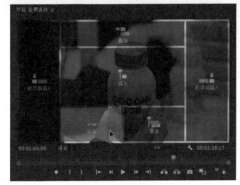

图5-53　选择"替换"选项

图5-54　使用外滑工具调整剪辑内容

步骤 ㉓ 此时在"节目"面板中可以实时查看调整效果，上方两个小图为前一个剪辑的出点和后一个剪辑的入点（这两个剪辑点不发生变化），下方两个大图为当前所调整剪辑的入点和出点，随着外滑工具调整这两个剪辑点发生相应的变化，如图5-55所示。

步骤 ㉔ 在序列中按住【Alt】键的同时拖动剪辑可以复制剪辑，在此按住【Alt】键的同时向上拖动"视频23"剪辑（该剪辑为一段展示展位周围场景的延时视频素材），分别将其复制到V2轨道和V3轨道上。选中V2轨道上的"视频23"剪辑，按【Alt+→】组合键使该剪辑向右移动一帧，采用同样的方法将V3轨道上的"视频23"剪辑向右移动2帧，如图5-56所示。

图5-55　预览调整效果

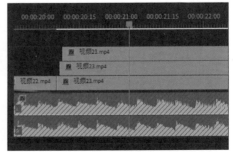

图5-56　复制并移动剪辑

步骤 ㉕ 选中 V2 轨道上的"视频 23"剪辑，在"效果控件"面板中设置"不透明度"参数为 50.0%，如图 5-57 所示，然后设置 V3 轨道上"视频 23"剪辑的不透明度为 30.0%。

步骤 ㉖ 在"节目"面板中预览"视频 23"剪辑，可以看到画面中出现拖影效果，如图 5-58 所示。

图5-57 调整不透明度

图5-58 预览拖影效果

↘ 5.2.5 调整画面构图

通过调整剪辑的"位置""缩放""旋转"等参数，可以调整画面构图，这样画面内容更加简洁，被摄主体更加突出，具体操作方法如下。

视频

调整画面构图

步骤 ① 在"节目"面板中预览"视频 10"剪辑，可以看到画面中的商品位置偏右，如图 5-59 所示。

步骤 ② 在序列中选中"视频 10"剪辑，在"效果控件"面板中调整"缩放"参数和"位置"参数，使画面中的商品处于正中间位置，如图 5-60 所示。

图5-59 预览"视频10"剪辑

图5-60 调整"缩放"和"位置"参数

步骤 ③ 在"节目"面板中预览画面构图调整效果，如图 5-61 所示。

步骤 ④ 在"效果控件"面板中选中"运动"效果，在"节目"面板中会显示调整控件，通过拖动控制点可以调整画面位置和大小或旋转画面，拖动⊕图标可以更改锚点位置，所有调整都是基于锚点进行的。单击"设置"按钮🔧，设置显示安全边距，以供构图参考，如图 5-62 所示。

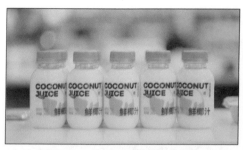

图5-61 预览画面构图调整效果

图5-62 显示安全边距

5.3 制作视频效果

下面为粗剪后的视频制作视频效果，如制作画面叠加效果、制作关键帧动画、制作视频快慢变速效果、制作视频转场效果、消除画面抖动等。

↘ 5.3.1 制作画面叠加效果

视频

制作画面叠加
效果

通过设置不透明度或混合模式，可以让多个视频画面叠加融合在一起，具体操作方法如下。

步骤 01 在序列中选中"视频14"剪辑，如图5-63所示。

步骤 02 在"效果控件"面板中的"不透明度"效果的"混合模式"下拉列表框中选择所需的混合模式，在此选择"叠加"混合模式，如图5-64所示。

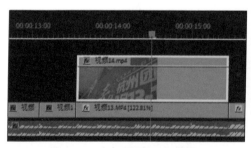

图5-63 选中"视频14"剪辑

图5-64 选择"叠加"混合模式

步骤 03 在"节目"面板中预览画面叠加效果，如图5-65所示。

步骤 04 打开"效果"面板，搜索"亮度"，然后将"亮度与对比度"效果拖至"视频14"剪辑上，如图5-66所示。

步骤 05 在"效果控件"面板中设置"亮度"参数为40.0，增加画面的亮度，如图5-67所示。

步骤 06 在"节目"面板中预览画面叠加效果，如图5-68所示。

图5-65 预览画面叠加效果

图5-66 添加"亮度与对比度"效果

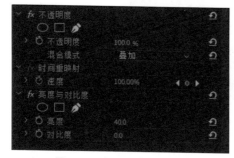

图5-67 设置"亮度"参数

图5-68 预览画面叠加效果

↘ 5.3.2 制作关键帧动画

在Premiere中可以使用关键帧设置运动、效果、速度、音频等多种属性，随时间更改属性值即可自动生成动画。下面将介绍如何使用关键帧制作运动动画效果，为视频画面中的固定镜头添加一些动感效果，具体操作方法如下。

视频

制作关键帧动画

步骤 **01** 在序列中选中"视频30"剪辑，在"效果控件"面板中设置"缩放"参数为120.0，将播放头移至"视频30"剪辑的最左侧，单击"缩放"属性左侧的"切换动画"按钮，启用"缩放"动画，即可自动在播放头的位置添加一个关键帧，如图5-69所示。

步骤 **02** 将播放头移至"视频30"剪辑的右侧，单击"重置参数"按钮，将"缩放"参数还原为100.0，如图5-70所示，此时将自动添加第2个关键帧，两个关键帧之间将形成缩小动画。

图5-69 启用"缩放"动画

图5-70 单击"重置参数"按钮

步骤 03 采用同样的方法启用并编辑"位置"动画，制作画面位置变化动画，如图 5-71 所示。

步骤 04 选中两个"位置"关键帧，用鼠标右键单击选中的关键帧，选择"临时插值"|"缓入"命令，如图 5-72 所示。再次用鼠标右键单击选中的关键帧，选择"临时插值"|"缓出"命令。

图5-71　编辑"位置"动画

图5-72　设置关键帧缓入

步骤 05 单击"位置"属性左侧的▶按钮展开属性，显示其"值"和"速率"图表。分别调整第 1 个关键帧和第 2 个关键帧上的控制手柄，调整贝塞尔曲线，以改变运动变化速率，曲线越陡峭，动画运动或速度变化就越剧烈，如图 5-73 所示。

步骤 06 选中"运动"效果，在"节目"面板中将显示运动路径，拖动关键帧上的控制柄可以调整运动路径，如图 5-74 所示。

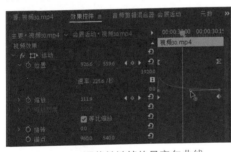

图5-73　调整关键帧的贝塞尔曲线

图5-74　调整运动路径

↘ 5.3.3　制作视频快慢变速效果

使用时间重映射功能可以调整视频剪辑不同部分的速度，在单个视频剪辑中制作速度快慢变换效果，具体操作方法如下。

步骤 01 在序列中选中"视频 2"剪辑，用鼠标右键单击"视频 2"剪辑左上方的*fx*图标，选择"时间重映射"|"速度"命令，如图 5-75 所示。

步骤 02 此时"视频 2"剪辑会变为蓝色，在横跨"视频 2"剪辑的中心位置出现速度控制柄，按住【Ctrl】键的同时在速度控制柄上单击添加速度关键帧。向上或向下拖动速度控制柄，即可进行加速或减速调整。在此将关键帧左侧的速度调整为 160%，将关键帧右侧的速度调整为 50%，如图 5-76 所示。

视频

制作视频快慢
变速效果

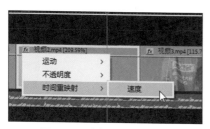

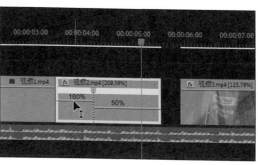

图5-75 选择"速度"命令　　　　图5-76 调整速度控制柄

步骤 03 按住【Alt】键的同时拖动速度关键帧，调整其位置。拖动速度关键帧，将其拆分为左、右两个部分，出现的两个标记之间的斜坡表示速度逐渐变化，拖动两个标记之间的控制柄调整斜坡曲率，使速度变化平滑过渡，如图5-77所示。

步骤 04 采用同样的方法对"视频4"和"视频5"剪辑进行变速设置，使"视频4"剪辑加速出场，使"视频5"剪辑加速入场，从而使两个剪辑切换更流畅，如图5-78所示。

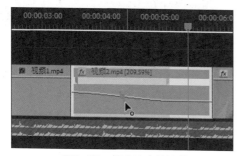

图5-77 拆分速度关键帧

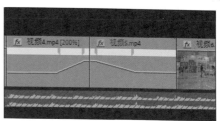

图5-78 设置"视频4"和"视频5"
剪辑变速效果

步骤 05 采用同样的方法对"视频24"剪辑进行变速设置，在此添加两个速度关键帧，使"视频24"剪辑快速入场和快速出场，如图5-79所示。

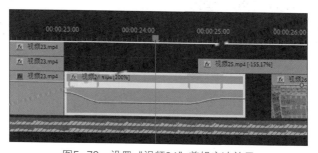

图5-79 设置"视频24"剪辑变速效果

↘ 5.3.4 制作视频转场效果

视频转场又称视频过渡或视频切换，是添加在视频剪辑之间的效果，可以让视频剪辑之间的切换形成动画效果，让各镜头转场更加流畅或具有创意。

视频

不透明度动画
制作转场效果

1. 不透明度动画制作转场效果

在制作视频转场效果时，经常通过添加不透明度动画为视频剪辑制作渐显或渐隐的转场效果，具体操作方法如下。

步骤 01 在序列中将"视频25"剪辑移至V2轨道上，并与"视频24"剪辑的结束位置和"视频26"剪辑的开始位置产生叠加，选中"视频25"剪辑，如图5-80所示。

步骤 02 在"效果控件"面板的"不透明度"效果中设置"混合模式"为"变暗"，如图5-81所示。

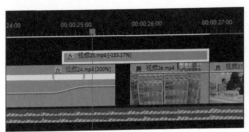

图5-80 选中"视频25"剪辑

图5-81 设置混合模式

步骤 03 在"节目"面板中预览"视频24"和"视频25"剪辑叠加部分的画面效果，如图5-82所示。

步骤 04 用鼠标右键单击"视频24"剪辑右上方的 fx 图标，选择"不透明度"|"不透明度"命令，将"视频24"剪辑的调整控件还原为不透明度控件，如图5-83所示。

图5-82 预览画面效果

图5-83 选择"不透明度"命令

步骤 05 按住【Ctrl】键的同时在不透明度控制柄上单击，添加两个不透明度关键帧，将右侧的不透明度关键帧向下拖至底部，即可制作"视频24"剪辑渐隐效果，如图5-84所示。

步骤 06 按住【Ctrl】键的同时单击关键帧，将其转换为贝塞尔曲线关键帧，然后拖动关键帧上的手柄调整贝塞尔曲线，如图5-85所示。

步骤 07 在"节目"面板中预览"视频24"和"视频25"剪辑叠加部分的画面转场效果，如图5-86所示。

步骤 08 采用同样的方法，在"视频26"剪辑上添加不透明度动画制作渐显效果。在"节目"面板中预览"视频25"和"视频26"剪辑叠加部分的画面转场效果，如图5-87所示。

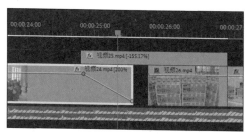

图5-84 制作"视频24"剪辑渐隐效果

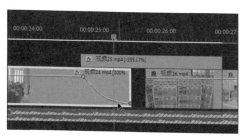

图5-85 调整贝塞尔曲线

图5-86 预览画面转场效果1

图5-87 预览画面转场效果2

2. 添加视频转场效果

下面将介绍如何为视频剪辑添加系统自带的转场效果或第三方转场效果，具体操作方法如下。

视频

添加视频转场效果

步骤 01 打开"效果"面板，展开"视频过渡"|"溶解"效果组，用鼠标右键单击"交叉溶解"效果，选择"将所选过渡设置为默认过渡"命令，如图5-88所示。

步骤 02 在序列中选中"视频7"和"视频8"剪辑，按【Ctrl+D】组合键即可添加默认转场效果，如图5-89所示。

图5-88 选择"将所选过渡
设置为默认过渡"命令

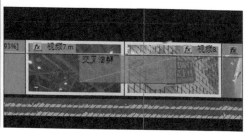

图5-89 添加默认转场效果

步骤 03 选中转场效果并拖动调整转场的开始位置，拖动转场效果的边缘位置调整转场效果的持续时间，如图5-90所示。

步骤 04 在"节目"面板中预览交叉溶解转场效果，如图5-91所示。

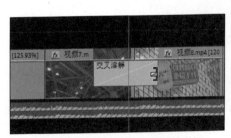

图5-90 调整转场效果的持续时间

图5-91 预览交叉溶解转场效果

步骤 05 在序列中选中"视频13"和"视频14"剪辑并用鼠标右键单击，选择"嵌套"命令，在弹出的对话框中输入名称，单击"确定"按钮，如图5-92所示。

步骤 06 在嵌套序列和"视频15"剪辑之间添加"黑场过渡"转场效果。由于过渡效果会在转出和转入剪辑之间自动创建一个重叠区域，而嵌套序列的右端已经到达右边界位置，在右侧没有多余的帧用于转场，因此转场效果只能添加到剪辑点的左侧，如图5-93所示。

图5-92 创建嵌套序列

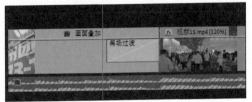

图5-93 添加"黑场过渡"转场效果

步骤 07 双击嵌套序列将其打开，向右拖动"视频13"剪辑的右边缘，以在嵌套序列的右侧增加帧，如图5-94所示。

步骤 08 在主序列中向右拖动"黑场过渡"转场效果，使其位于剪辑点中间位置，如图5-95所示。

图5-94 向右调整剪辑右端

图5-95 调整转场效果切入位置

步骤 09 除了使用 Premiere 内置的转场效果，还可以安装第三方转场效果插件，在此安装 FilmImpact 插件，在"效果"面板的"视频过渡"组中查看安装的转场效果。选择"Impact 缩放模糊"效果，如图5-96所示。

步骤 10 将"Impact 缩放模糊"效果添加到"视频5"和"视频6"剪辑之间，并选中转场效果，如图5-97所示。

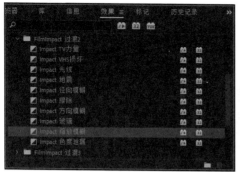
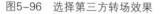

图5-96　选择第三方转场效果

图5-97　添加并选中转场效果

步骤 ⑪ 在"效果控件"面板中设置各项参数，在此设置"模糊"参数为25.0，如图 5-98 所示。

步骤 ⑫ 在"节目"面板中预览"Impact 缩放模糊"转场效果，如图 5-99 所示。

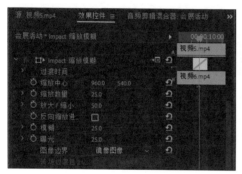

图5-98　设置转场效果参数

图5-99　预览"Impact缩放模糊"转场效果

↘ 5.3.5　消除画面抖动

使用Premiere中的"变形稳定器"效果可以消除或减弱相机拍摄过程中的画面抖动问题，具体操作方法如下。

步骤 ① 在"节目"面板中预览"视频 22"剪辑，可以看到该剪辑画面运动不太稳定。选中该剪辑，打开"效果"面板，搜索"稳定"，然后将"变形稳定器"效果添加到该剪辑上，如图 5-100 所示。

步骤 ② 此时 Premiere 开始分析"视频 22"剪辑，分析完成后开始稳定视频画面，如图 5-101 所示。

步骤 ③ 在"效果控件"面板中可以看到添加的"变形稳定器"效果，根据需要设置相关参数，进一步改善稳定结果，在此调整"平滑度"参数，如图 5-102 所示。

步骤 ④ "变形稳定器"效果不能与"速度"效果用于同一个视频剪辑，此时可以为设置了"速度"效果的视频剪辑创建嵌套序列，例如，为"视频 17"剪辑创建嵌套序列，如图 5-103 所示，然后为创建的嵌套序列添加"变形稳定器"效果。

视频

消除画面抖动

图5-100 添加"变形稳定器"效果

图5-101 分析并稳定视频画面

图5-102 设置"变形稳定器"效果

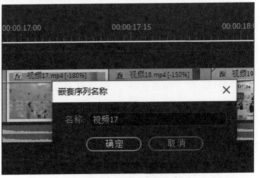

图5-103 创建嵌套序列

5.4 添加与编辑音频

声音是视频不可或缺的重要组成部分，下面将介绍如何在序列中添加与编辑音频，以增强视频的表现力。

↘ 5.4.1 添加音频

下面为视频中的采访片段添加同步音频，并链接视频与音频，具体操作方法如下。

视频

添加音频

步骤 01 在序列中选中"视频38"剪辑，按【F】键执行匹配帧命令，在"源"面板中可以看到与视频剪辑所对应的源素材。单击"仅拖动音频"按钮，切换到音频波形视图，可以看到该音频只有右侧声道有波形，如图5-104所示。

步骤 02 单击"剪辑"|"修改"|"音频声道"命令，在弹出的对话框中选中R声道，然后单击"确定"按钮，如图5-105所示。

步骤 03 此时可以看到该源素材音频中左声道也出现了波形，如图5-106所示。

步骤 04 在时间轴面板头部设置A2轨道为源修补轨道，拖动"仅拖动音频"按钮，将音频添加到A2轨道上，即可为"视频38"剪辑添加同期声音频。选中"视频38"剪辑及其音频剪辑并用鼠标右键单击，选择"链接"命令，链接视频和音频，以便进行同步修剪，如图5-107所示。采用同样的方法，为"视频39""视频40""视频41"剪辑添加相应的音频剪辑。

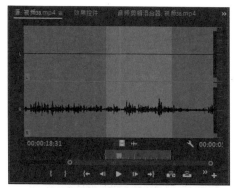

图5-104 查看音频波形

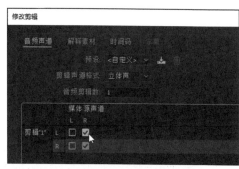

图5-105 选中R声道

图5-106 查看音频声道效果

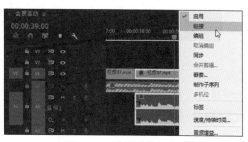

图5-107 选择"链接"命令

↘ 5.4.2 设置音频效果

下面为序列中的音频设置效果，如调整音量、清除噪声、增强人声等，具体操作方法如下。

视频

设置音频效果

步骤 01 在时间轴面板中展开A1轨道并取消轨道锁定，向上或向下拖动音频剪辑中的控制柄，即可增大或减小音量。在"音频仪表"面板中可以实时查看调整后的音量大小，如图5-108所示。当分贝值超出0dB时，容易出现爆音现象。

步骤 02 单击A2轨道头部的"独奏轨道"按钮 S，只播放该轨道音频，如图5-109所示。

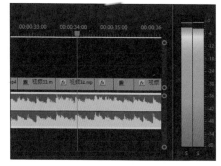

图5-108 查看音量大小

图5-109 设置独奏轨道

步骤 **03** 选中 A2 轨道上的同期声音频剪辑，如图 5-110 所示。

步骤 **04** 打开"基本声音"面板，单击"对话"按钮，将所选音频剪辑设置为"对话"音频类型，在"预设"下拉列表框中选择"清理嘈杂对话"选项，即可进行音频降噪，并自动标准化音量响度，在"修复"选项区中调整各项参数，调整音频降噪效果，如图 5-111 所示。

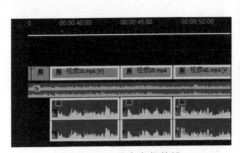

图5-110 选中音频剪辑

图5-111 设置音频降噪

步骤 **05** 在"效果"面板中搜索"人声"，然后将"人声增强"效果添加到所选的音频剪辑上，如图 5-112 所示。

步骤 **06** 在序列结尾位置的背景音乐剪辑控制柄上添加两个关键帧，然后将右侧的关键帧向下拖至底部，制作音乐淡出效果，如图 5-113 所示。

图5-112 添加"人声增强"效果

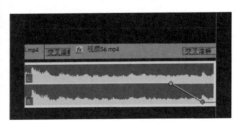

图5-113 制作音乐淡出效果

↘ 5.4.3 设置音乐自动回避

下面为视频中的背景音乐设置"回避"功能，使背景音乐的音量在采访视频片段中自动降低，以突出人声，具体操作方法如下。

步骤 **01** 在序列中选中 A1 轨道上的背景音乐剪辑，在"基本声音"面板中单击"音乐"按钮，将所选背景音乐剪辑设置为"音乐"音频类型，如图 5-114 所示。

步骤 **02** 选中"回避"选项右侧的复选框，启用"回避"功能。设置"回避依据"为"对话"，然后调整"敏感度""降噪幅度""淡化"等参数，单击"生成关键帧"按钮，如图 5-115 所示。

视频

设置音乐自动回避

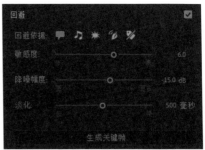

图5-114　单击"音乐"按钮　　图5-115　启用"回避"功能并设置参数

步骤03 此时即可在背景音乐剪辑中自动生成音量关键帧，在与"对话"音频剪辑的重叠部分背景音乐的音量会自动降低，如图5-116所示。

步骤04 在A2轨道上选中所有采访片段的音频剪辑并用鼠标右键单击，选择"音频增益"命令，在弹出的对话框中选中"调整增益值"单选按钮，设置增益值为8dB，即可将当前音量增加8dB，然后单击"确定"按钮，如图5-117所示。

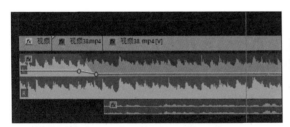

图5-116　查看背景音乐"回避"效果　　　　图5-117　调整增益值

5.5　添加与编辑字幕

为视频添加字幕可以对视频画面做解释说明，帮助用户理解视频主题。视频字幕要简约、得体，与画面相得益彰，合适的字幕设计可以提升视频的整体观感。

↘ 5.5.1　添加字幕并设置格式

下面为视频中的采访片段添加旁白字幕，并设置字幕文本格式，具体操作方法如下。

步骤01 将播放头移至要添加字幕的位置，使用文字工具 T 在"节目"面板中单击，根据音频输入所需的字幕文本，如图5-118所示。

步骤02 单击"窗口"|"基本图形"命令，打开"基本图形"面板，选择"编辑"选项卡，选中文本图层，如图5-119所示在"对齐并变换"组中调整文本位置，单击"水平居中对齐"按钮 回 。

视频

添加字幕并设置
格式

图5-118　输入字幕文本

图5-119　设置对齐文本

步骤 03 在"文本"组中设置字体、字号、填充、描边、阴影等格式，如图5-120所示。

步骤 04 在"效果控件"面板中编辑"不透明度"动画，使文字淡入淡出，然后拖动时间轴视图左上方的控件调整文本开场持续时间，使其覆盖淡入不透明度动画。采用同样的方法调整文本结尾持续时间，这样可以在修剪文本剪辑长度时保留开场和结尾动画，如图5-121所示。

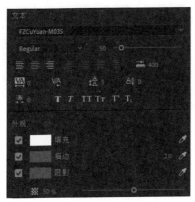

图5-120　设置文本格式

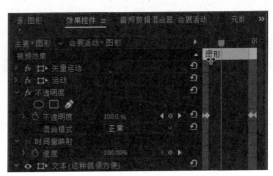

图5-121　设置文本开场和结尾持续时间

步骤 05 在序列的V2轨道上按住【Alt】键的同时拖动文本剪辑复制多个剪辑，然后根据音频调整文本剪辑的长度并修改文字，如图5-122所示。

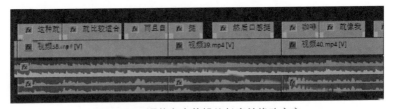

图5-122　调整文本剪辑的长度并修改文字

↘ 5.5.2　创建与应用文本样式

为字幕文本设置格式后，可以将其创建为文本样式，以便下次使用该样式或者为序列中的文本剪辑统一样式。创建与应用文本样式的具体操作方法如下。

视频

创建与应用文本样式

步骤 01 在序列中选中文本剪辑，在"基本图形"面板"主样式"组中单击下拉按钮，选择"创建主文本样式"选项，在弹出的对话框中输入样式名称，然后单击"确定"按钮，如图5-123所示。

步骤 02 此时，在"项目"面板中即可看到创建的"采访字幕"文本样式，如图5-124所示。如果文本剪辑的样式不小心被修改，只需将该样式拖至文本剪辑上即可还原样式。

图5-123　创建"采访字幕"文本样式

图5-124　查看文本样式

步骤 03 在序列中选中要应用样式的文本剪辑，然后将"采访字幕"文本样式拖至所选的文本剪辑上，即可应用该文本样式，如图5-125所示。

步骤 04 在"文本"组中修改文本样式，在此修改文本字体和外观颜色，此时"主样式"下拉列表框中显示"采访字幕＜已修改＞"，单击右侧的"推送为主样式"按钮 ↑，即可更新"采访字幕"文本样式，如图5-126所示。

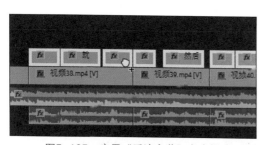

图5-125　应用"采访字幕"文本样式

图5-126　更新"采访字幕"文本样式

5.6　制作视频片头和片尾

下面为会展活动视频制作片头和片尾，展示视频主题和品牌相关信息。

5.6.1 制作片头

下面为视频制作一个简单的文字动画片头，具体操作方法如下。

视频

制作片头

步骤 01 在视频开始位置的 V2 轨道上创建图形剪辑，在此使用矩形工具■绘制矩形形状，在 V3 和 V4 轨道上分别添加文本剪辑并设置文本样式，如图 5-127 所示。

步骤 02 在"节目"面板中预览画面效果，如图 5-128 所示。

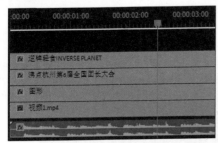

图5-127 添加图形剪辑和文本剪辑

图5-128 预览画面效果

步骤 03 选中 V3 轨道上的文本剪辑，在"效果控件"面板的文本效果中单击"创建 4 点多边形蒙版"按钮■创建蒙版，如图 5-129 所示。

步骤 04 在"节目"面板中调整蒙版路径，使其框住文字部分，如图 5-130 所示。

图5-129 创建蒙版

图5-130 调整蒙版路径

步骤 05 在"变换"选项卡中启用"位置"属性动画，在第 13 帧位置添加第 1 个关键帧，在其后第 25 帧位置添加第 2 个关键帧，将时间指针移至第 1 个关键帧位置，调整"位置"参数中的 x 坐标参数，使文字从矩形形状左侧移入，如图 5-131 所示。

步骤 06 在"节目"面板中预览文字从矩形形状左侧移入的动画效果，如图 5-132 所示。继续编辑"位置"动画，制作文字从矩形形状左侧移出的动画效果。

图5-131 编辑"位置"动画

图5-132 预览动画效果1

步骤 07 采用同样的方法，为V4轨道上的文字制作从矩形形状右侧移入移出的动画效果，在"界面"面板中预览动画效果，如图5-133所示。

步骤 08 在序列中选中V2、V3、V4轨道上的剪辑并用鼠标右键单击，选择"嵌套"命令，在弹出的对话框中输入名称，然后单击"确定"按钮，如图5-134所示。

图5-133　预览动画效果2

图5-134　创建嵌套序列

步骤 09 在序列中选中"片头"剪辑，在"效果控件"面板中启用"缩放"和"旋转"动画。"片头"剪辑的起始位置将自动添加第1个关键帧，随后在右侧第15帧位置添加第2个关键帧，将时间指针移至第1个关键帧位置，设置"缩放"参数为0.0，设置"旋转"参数为−360°（输入该数值后将自动转换为"−1x0.0°"），如图5-135所示。

步骤 10 此时即可形成矩形形状顺时针旋转出现的动画效果，在"节目"面板中预览效果，如图5-136所示。采用同样的方法，在"片头"剪辑末尾制作形状顺时针旋转消失动画。

图5-135　设置"缩放"和"旋转"动画

图5-136　预览动画效果3

↘ 5.6.2　制作片尾

下面为视频制作片尾，显示品牌信息和宣传语，具体操作方法如下。

步骤 01 在"项目"面板右下方单击"新建项"按钮，选择"颜色遮罩"选项，在弹出的对话框中单击"确定"按钮，如图5-137所示。

步骤 02 弹出"拾色器"对话框，选择所需的颜色，在此选择白色，然后单击"确定"按钮，如图5-138所示，即可创建颜色遮罩素材。

步骤 03 将颜色遮罩素材添加到视频片尾位置的V2轨道上，在"效果控件"面板设置素材"不透明度"参数为15.0%。在V2和V3轨道上分别添加文本剪辑，并在文本剪辑的左端添加"交叉溶解"过渡效果，如图5-139所示。

步骤 04 在"节目"面板中预览画面效果，如图5-140所示。

视频

制作片尾

图5-137　新建颜色遮罩

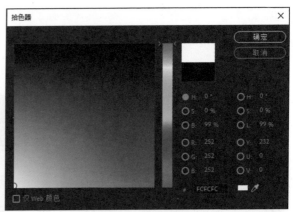

图5-138　选择颜色

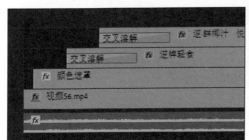

图5-139　添加颜色遮罩和文本剪辑

图5-140　预览画面效果

5.7　视频调色与导出视频

视频剪辑完成后，还需要对其进行色彩校正和风格化调色，以提升画面质感，最后导出视频作品。

↘ 5.7.1　视频调色

下面使用Lumetri颜色工具对视频进行颜色校正，然后对视频整体进行风格化调色，具体操作方法如下。

视频

视频调色

步骤 01 在序列中选中"视频1"剪辑，打开"Lumetri 颜色"面板，展开"基本校正"选项，调整"曝光""对比度""高光""阴影""白色""黑色"等参数，进行颜色校正，如图 5-141 所示。

步骤 02 在序列中选中"视频2"剪辑，在"Lumetri 颜色"面板中先对画面进行颜色校正，然后展开"曲线"选项组，在"RGB 曲线"中调整白色曲线，提高高光，降低阴影，增加画面的对比度，如图 5-142 所示。采用同样的方法对其他视频剪辑进行调色，此时可以将调完色的视频剪辑的"Lumetri 颜色"效果粘贴到其他视频剪辑中。

图5-141 颜色校正

图5-142 调整曲线

步骤 **03** 创建调整图层，并将调整图层添加到 V3 轨道上，调整调整图层的长度，使其覆盖整个视频，如图 5-143 所示。

步骤 **04** 在"Lumetri 颜色"面板中通过对调整图层进行调色，实现整个视频的风格化调色，在"白平衡"选项组中调整"色温""色彩"等参数改变画面冷暖色调，然后根据需要调整各项色调参数，如图 5-144 所示。

步骤 **05** 展开"调整"选项组，调整"锐化""自然饱和度"等参数，然后调整"阴影色彩""高光色彩""色彩平衡"等参数改变画面色彩风格，如图 5-145 所示。

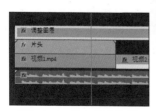

图5-143 添加调整图层

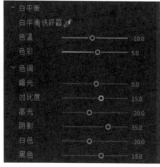

图5-144 调整"白平衡"和"色调"参数

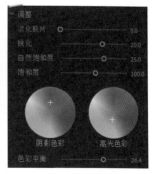

图5-145 改变画面色彩风格

113

↘ 5.7.2 导出视频

视频剪辑完成后，在"节目"面板中预览并检查视频整体效果，检查无误后即可导出视频作品。具体操作方法如下。

视频

导出视频

步骤 01 在时间轴面板中选择要导出的序列，如图5-146所示。若要导出序列中的某个片段，则需要在序列中标记入点和出点。

步骤 02 单击"文件"|"导出"|"媒体"命令，弹出"导出设置"对话框，在"格式"下拉列表框中选择H.264选项（即MP4格式），在"预设"下拉列表框中选择所需的导出预设，如图5-147所示。

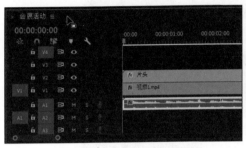

图5-146　选择要导出的序列

图5-147　设置导出选项

步骤 03 单击"输出名称"选项右侧的文件名超链接，在弹出的"另存为"对话框中选择视频保存位置并输入文件名，然后单击"保存"按钮，如图5-148所示。

步骤 04 返回"导出设置"对话框，选择"视频"选项卡，调整"目标比特率[Mbps]"参数对视频大小进行压缩，在下方可以查看视频导出后的估计文件大小，如图5-149所示。设置完成后，单击"导出"按钮，即可导出视频。

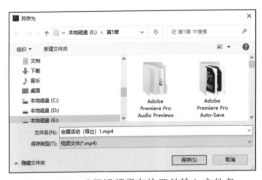

图5-148　选择视频保存位置并输入文件名

图5-149　调整"目标比特率[Mbps]"参数
并查看估计文件大小

一个项目编辑完成后，如果用到的素材来自不同的存储位置，或者项目中包含一些没用的素材，可以通过打包项目文件来备份素材，并清除项目中没用的素材。单击"文件"|"项目管理"命令，在弹出的"项目管理器"对话框中选中要备份的序列，选中

"收集文件并复制到新位置"单选按钮和"排除未使用剪辑"复选框，并设置备份位置，然后单击"确定"按钮，即可将该项目所用到的文件复制到指定位置。

课后实训：制作商品活动宣传视频

1. 实训目标

制作商品活动宣传视频。

2. 实训内容

打开"课后实训"文件夹中提供的视频素材，预览各视频素材内容，厘清剪辑思路，使用Premiere制作一条商品活动宣传视频。

3. 实训步骤

（1）导入素材并创建序列

在Premiere中新建项目，将所有视频素材、音频素材导入项目中，然后新建序列，并自定义序列设置。

（2）修剪与调整视频剪辑

将视频素材和音乐素材添加到序列中，根据音乐节奏对视频剪辑进行修剪、调整视频剪辑的速度，然后对画面构图进行调整，完成视频的粗剪。

（3）添加视频效果

制作画面叠加效果，利用"关键帧"功能编辑动画，使用时间重映射功能制作视频变速效果，使用"变形稳定器"效果消除画面抖动，然后为画面添加合适的转场效果。

（4）编辑音频与字幕

调整背景音乐的音量，并制作背景音乐淡入和淡出效果，为视频添加合适的转场音效和氛围音效，然后在视频中添加说明性字幕并设置字幕样式。

（5）视频调色与导出视频

使用"Lumetri颜色"工具对视频进行调色，提升视频画质。在"节目"面板中预览视频整体效果，根据需要进行更为细致的调整，最后导出视频。

（6）实训评价

进行小组自评和互评，撰写个人心得和总结，最后由教师进行评价和指导。

课后思考

1. 简述PC端视频剪辑的特点与优势。
2. 简述PC端视频剪辑的基本流程。

第6章 移动端视频剪辑：使用剪映App制作视频

【知识目标】

- 掌握使用剪映App剪辑视频的方法。
- 掌握添加与编辑音频的方法。
- 掌握添加与制作视频效果的方法。
- 掌握视频调色的方法。
- 掌握添加字幕与导出视频的方法。

【能力目标】

- 能够使用剪映App对视频素材进行粗剪。
- 能够使用剪映App在视频中添加背景音乐、音效和配音。
- 能够使用剪映App在视频中添加各种视频效果。
- 能够根据需要在剪映App中对视频进行调色。

【素养目标】

- 学会利用讲故事的方式进行视频创作，注重对情感的表达。
- 在视频创作中发扬创新精神，不断提升个人创造力和创新能力。

当前，以抖音、快手等为代表的短视频App异常火爆，移动端视频剪辑工具更是层出不穷，它们可以帮助内容生产者、视频生产者快速创作出高质量的视频作品。剪映App是抖音官方推出的一款移动端视频剪辑应用，功能强大，易于上手，颇受用户青睐。本章将以制作一个商品宣传视频为例，详细介绍使用剪映App制作视频的方法与技巧。

6.1　认识移动端视频剪辑

下面将介绍移动端视频剪辑的特点与优势、移动端视频剪辑的常用工具，以及移动端视频剪辑的基本流程。

↘ 6.1.1　移动端视频剪辑的特点与优势

移动端视频剪辑主要应用于视频平台传播、朋友圈传播、小型商业广告、知识科普、生活Vlog、旅拍等。使用移动端视频剪辑工具进行视频剪辑具有以下特点与优势。

（1）简便易用

移动端视频剪辑工具通常具有简洁的界面和直观的操作方式，使初学者能够快速上手进行基本的视频剪辑。

（2）移动便捷

移动端视频剪辑工具是为移动设备设计的，因此创作者可以随时随地使用手机进行视频剪辑，方便快捷。

（3）社交媒体整合

许多移动端视频剪辑工具与社交媒体平台集成，可以直接将视频作品分享到各大社交平台，与朋友、家人共享。

（4）滤镜和特效

移动端视频剪辑工具通常会提供各种滤镜、特效和动画效果，可以为视频添加独特的风格和视觉效果。

↘ 6.1.2　移动端视频剪辑的常用工具

下面简要介绍5款常用的移动端视频剪辑工具，分别为剪映、快影、快剪辑、小影和乐秀。

1. 剪映

剪映是抖音官方推出的一款视频剪辑工具，它具有强大的视频剪辑功能，支持视频变速与倒放，利用它可以在视频中添加音频、识别字幕、添加贴纸、应用滤镜、使用美颜等，而且它提供了非常丰富的曲库和贴纸资源。即使是初学者，也能利用剪映制作出自己心仪的视频作品。

2. 快影

快影是快手旗下一款简单易用的视频剪辑工具，内置丰富的音乐库、音效库和新式封面资源，让用户在手机上就能轻松地完成视频剪辑，制作出令人惊艳的视频作品。

3. 快剪辑

快剪辑是360旗下的一款功能齐全、操作简单、可以边看边剪辑的视频剪辑工具。无论是刚入门的初学者，还是视频剪辑专家，都能使用快剪辑快速制作出优质的视频作品。

4. 小影

小影是一款功能强大、易于上手的视频剪辑工具，使用它可以轻松地对视频进行修剪、变速和配乐等操作，还可以一键生成主题视频。同时，小影还可以为视频添加胶片滤镜，增添字幕与动画贴纸、添加视频特效、生成GIF视频等。

5. 乐秀

乐秀专注于短视频的拍摄与剪辑，拥有视频剪辑、动画贴纸、胶片滤镜、大片特效、视频美颜、海量音乐等功能，支持高清视频导出，视频格式全面适配微信、微博、优酷、抖音、腾讯视频等应用。

6.1.3 移动端视频剪辑的基本流程

一般来说，移动端视频剪辑主要包括以下基本流程，如图6-1所示。

1 整理与预览素材
对要用的素材进行整理与预览。

2 修剪视频素材
导入视频素材，对视频素材进行修剪，裁掉没用的部分。

3 编辑音频
从音乐库中添加音乐和音效，实时录音，设置音频变声等。

4 添加视频特效
添加转场效果、画面特效、动画效果等。

5 视频调色
使用滤镜和各种调节功能进行视频调色。

6 添加字幕与导出
使用文字样式添加字幕，设置封面，导出与分享视频。

图6-1 移动端视频剪辑的基本流程

6.2 使用剪映App剪辑视频

下面将介绍如何使用剪映App剪辑视频，包括整理与回看视频素材，导入与修剪视频素材，设置画面比例和画布背景，裁剪画面大小，调整播放速度，复制与替换视频素材等。

6.2.1 整理与回看视频素材

在剪辑视频前，创作者要先对拍摄的视频素材进行整理，可以按照时间、场景或画面进行命名和分类。视频素材整理完成后，根据视频脚本回看视频素材，厘清剪辑思路，并及时调整素材命名或分类。下面制作一款饮品的宣传视频，其剪辑思路具体如下。

第一组视频素材以露营地的空镜头开场渲染氛围，包括四个镜头，分别为树叶遮挡的天空、露营灯、装饰帐篷的串旗、露营地广告牌等，如图6-2所示。

第二组视频素材为取饮品和拧瓶盖，包括四个镜头，分别为向装有饮品的冷藏箱里倒冰块，手拿装着冰块和饮品的小桶走向餐桌，人物坐下并拧开饮品瓶盖，从人物后侧方拍摄拧开瓶盖。其中，后两个镜头为拧开瓶盖动作的两个分镜头，如图6-3所示。

第三组视频素材为人物使用夹子向装有饮品的杯子中放冰块，然后使用吸管搅动冰块，包括四个镜头，分别采用不同景别和角度拍摄这两个动作，如图6-4所示。

图6-2　展示露营地

图6-3　倒冰块、拿饮品、拧瓶盖等镜头

图6-4　放冰块和搅动冰块

第四组视频素材为展示餐桌上的食物，包括三个镜头，如图6-5所示。

图6-5　展示餐桌上的食物

第五组视频素材为剥小龙虾，包括四个镜头，分别为剥小龙虾的特写镜头、手拿小龙虾蘸酱汁、剥小龙虾的远景镜头，以及展示剥下的小龙虾皮的镜头，如图6-6所示。其中，后两个镜头中以饮品作为被摄主体，剥小龙虾和剥掉的小虾皮分别作为画面的前景和陪体。

图6-6　剥小龙虾

最后一组视频素材展示饮品的整体效果，包括两个镜头，分别为手拿整箱的饮品慢慢放下，以及两人手拿饮品"碰杯"的特写镜头，如图6-7所示。

图6-7　展示饮品的整体效果

↘ 6.2.2 导入与修剪视频素材

在移动端进行视频剪辑时，先将视频素材按顺序导入剪映App中，并对视频素材进行修剪，删除不需要的片段，具体操作方法如下。

视频

导入与修剪视频
素材

步骤 01 打开剪映 App，在下方点击"剪辑"按钮✂，然后点击"开始创作"按钮➕，如图6-8所示。

步骤 02 进入"添加素材"界面，在上方选择"照片视频"选项，然后点击视频素材右上方的选择按钮依次选中要添加的视频素材，在下方选中"高清"选项设置高清画质，在下方长按并左右拖动视频素材缩览图调整视频素材的先后顺序，如图6-9所示。

步骤 03 点击视频素材缩览图，在打开的界面中预览视频素材，然后点击左下方的"裁剪"按钮✂，如图6-10所示。

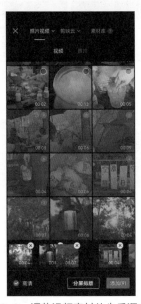

图6-8　点击"开始创作"按钮　　图6-9　调整视频素材的先后顺序　　图6-10　点击"裁剪"按钮

步骤 04 进入"裁剪"界面，拖动左右两侧的滑杆裁剪视频素材的左端和右端，然后点击✓按钮，如图6-11所示。

步骤 05 裁剪后的视频素材缩览图左下方会出现裁剪图标✂，采用同样的方法对其他视频素材进行裁剪，然后单击"添加"按钮，如图6-12所示。

步骤 06 进入"视频剪辑"界面，选中要修剪的视频素材，拖动视频素材两侧的修剪滑块即可修剪视频素材，如图6-13所示。在修剪视频素材时，可以先将时间指针定位到要修剪的位置，然后将修剪滑块拖至时间指针位置。

步骤 07 对时长较长的视频素材，将时间指针定位到修剪位置，在主轨道上点击视频素材并将其选中，然后点击"分割"按钮Ⅱ分割视频素材，选中不需要的片段，点击"删除"按钮🗑将其删除，如图6-14所示。

图6-11 裁剪视频素材

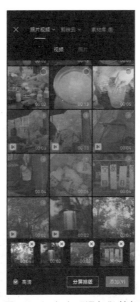

图6-12 点击"添加"按钮

图6-13 拖动修剪滑块

步骤 08 根据需要修剪视频素材，使视频素材中只保留想要的片段，然后将时间指针定位到要添加新视频素材的位置，在此将其定位到最右侧，点击主轨道右侧的"添加素材"按钮 +，如图 6-15 所示。

步骤 09 进入"添加素材"界面，按照前面的方法依次选中要导入的其他视频素材，根据需要预览并修剪视频素材，然后点击"添加"按钮，如图 6-16 所示。

图6-14 分割视频素材

图6-15 点击"添加素材"按钮

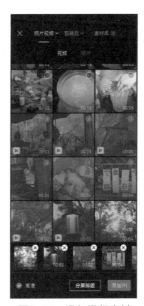

图6-16 添加视频素材

步骤 ⑩ 在时间线上使用两根手指向外拉伸放大时间线，然后将时间指针定位到要精确修剪的位置，对视频素材进行精确修剪，如"视频7"和"视频8"素材为拧开瓶盖的两个分镜头，先对"视频7"素材右端进行修剪，如图6-17所示；再对"视频8"素材左端进行修剪，如图6-18所示。修剪完成后播放这两个片段，预览画面播放是否流畅，若不够流畅则需要多次调整剪辑点位置。

图6-17　修剪"视频7"素材右端　图6-18　修剪"视频8"素材左端

↘ 6.2.3　设置画面比例和画布背景

在剪映中剪辑视频时，画面比例默认为导入的第1个视频素材的比例，创作者可以根据剪辑要求将画面比例更改为其他比例。在更改画面比例后，经常需要对视频的画布背景进行设置。

下面对视频的画面比例和画布背景进行设置，具体操作方法如下。

视频

设置画面比例和
画布背景

步骤 ⑴ 在一级工具栏中点击"比例"按钮■，如图6-19所示。

步骤 ⑵ 在弹出的界面中选择所需的画面比例，在此选择16：9，由于该画面比例与视频素材的比例相同，画面大小没有发生变化，如图6-20所示。

步骤 ⑶ 选中视频素材，在预览区域使用两根手指向内收缩缩小画面，可以看到默认的黑色画布背景。在一级工具栏中点击"背景"按钮▨，在弹出的界面中可以看到剪映提供了三种背景样式，点击"画布颜色"按钮▧，如图6-21所示。

步骤 ⑷ 在打开的界面中设置背景颜色，可以点击预设的颜色选项，或者点击▓按钮，在拾色器中自定义颜色，还可以点击"吸管"按钮✐，在视频画面中拖动"吸管"工具吸取画面中的颜色作为背景，如图6-22所示。

步骤 ⑸ 点击"画布样式"按钮▦，在打开的界面中选择预设的图片样式，还可以点击▣按钮，导入手机中的图片作为画布背景，如图6-23所示。

图6-19　点击"比例"按钮

图6-20　选择画面比例

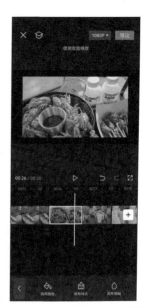
图6-21　点击"画布颜色"按钮

步骤 06　点击"画布模糊"按钮◐，在打开的界面中可以看到画布背景为当前视频画面，选择所需的模糊程度，点击◐按钮可以删除背景，点击"全局应用"按钮❑将画布模糊背景应用到主轨道上的所有视频素材，然后点击☑按钮，如图6-24所示。

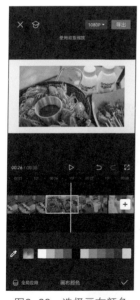
图6-22　选择画布颜色

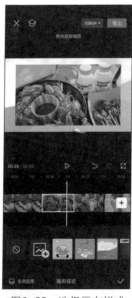
图6-23　选择画布样式

图6-24　选择画布背景模糊程度

↘ 6.2.4　裁剪画面大小

下面将介绍如何裁剪视频画面优化画面构图，具体操作方法如下。

视频

裁剪画面大小

步骤 **01** 在轨道上选中"视频8"素材，该视频素材为拧瓶盖动作的全景镜头，如图6-25所示。

步骤 **02** 在预览区中用两根手指向外拉伸放大画面，然后单指拖动画面调整其位置改变画面构图，使画面与前一分镜头拧瓶盖的动作衔接更流畅，如图6-26所示。

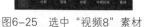

图6-25　选中"视频8"素材　　图6-26　调整画面大小和位置

步骤 **03** 在调整画面大小和位置的过程中，预览区的自动吸附功能可能会自动吸附画面边缘或居中对齐画面，导致无法将画面调至想要的位置，此时可以先选中视频素材，然后点击"编辑"按钮，如图6-27所示。

步骤 **04** 在弹出的界面中点击"裁剪"按钮，如图6-28所示。

图6-27　点击"编辑"按钮　　图6-28　点击"裁剪"按钮

步骤 ⑤ 进入"视频画面裁剪"界面，参考网格线辅助构图，在预览区调整画面的大小和位置，拖动红色旋转角度指针 ▥，调整旋转角度为2°，使画面中的水杯垂直于画布，然后拖动滑块 ⊙ 预览视频画面裁剪效果，如图6-29所示。

步骤 ⑥ 在调整画面构图时，也可以拖动裁剪框上的控制点任意调整裁剪比例，或者在下方选择所需的裁剪比例，如选择1：1比例，并调整画面大小和位置，然后点击 ☑ 按钮，如图6-30所示。

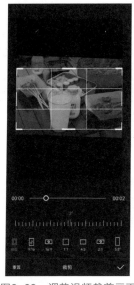 

图6-29　调整视频裁剪画面　　　图6-30　按比例裁剪画面

↘ 6.2.5　调整播放速度

下面对视频素材的播放速度进行调整，以把握视频的整体节奏。剪映的"变速"功能包括常规变速和曲线变速两种，调整视频播放速度的具体操作方法如下。

视频

调整播放速度

步骤 ① 选中要调速的视频素材，点击"变速"按钮 ⊘，如图6-31所示。

步骤 ② 在弹出的界面中点击"常规变速"按钮 ☑，如图6-32所示。

步骤 ③ 弹出速度调整工具，向左拖动滑块调整速度为0.6x，点击"播放"按钮 ▷ 预览调速效果，如图6-33所示。

步骤 ④ 向左拖动时间线，将自动选中时间指针位置相应的视频素材，根据需要继续对其他视频素材进行常规变速调整，调速完成后点击 ☑ 按钮，如图6-34所示。

步骤 ⑤ 选中要进行曲线变速的视频素材，点击"变速"按钮 ⊘，然后点击"曲线变速"按钮 ☒，在弹出的界面中选择"自定"选项，然后点击"点击编辑"按钮 ☑，如图6-35所示。

步骤 ⑥ 根据需要调整各控制点的速度和位置，使画面速度越往后越慢，然后点击 ☑ 按钮，如图6-36所示。

图6-31 点击"变速"按钮　　图6-32 点击"常规变速"按钮　　图6-33 调整播放速度

图6-34 常规变速调整　　图6-35 点击"点击编辑"按钮　　图6-36 调整曲线变速

↘ 6.2.6 复制与替换视频素材

在剪辑过程中若要多次使用同一个视频素材，可以使用"复制"功能进行复制。若要更改视频素材，无须重新插入和调整，可以使用"替换"功能快速替换原素材。复制与替换视频素材的具体操作方法如下。

视频

复制与替换视频素材

步骤 **01** 选中要复制的视频素材，点击"复制"按钮 ▣，如图 6-37 所示。

步骤 **02** 此时即可在当前视频素材右侧复制一个视频素材，如图 6-38 所示。根据需要对复制的视频素材进行操作，如移动视频素材、设置倒放、切换到画中画、添加蒙版等。

步骤 03 选中要替换的视频素材，点击"替换"按钮，如图6-39所示。

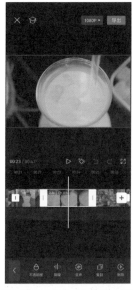
图6-37 点击"复制"按钮

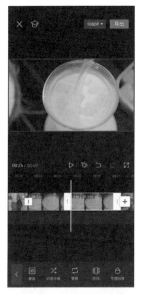
图6-38 复制视频素材

图6-39 点击"替换"按钮

步骤 04 打开"替换素材"界面，选择要替换的视频素材，如图6-40所示。注意，替换视频素材的时长要大于被替换视频素材的时长，否则无法进行替换。

步骤 05 打开"视频预览"界面，拖动时间线选择视频素材，然后点击"确认"按钮，如图6-41所示。

步骤 06 此时可以看到视频素材已被替换，且会保留原视频素材中的效果，如图6-42所示。

图6-40 选择替换的视频素材

图6-41 选择视频素材

图6-42 查看替换效果

6.3 添加与编辑音频

下面在视频中添加背景音乐，并根据音乐节奏对视频素材的剪辑点进行精确调整，然后根据需要添加音效和旁白。

↘ 6.3.1 添加与编辑背景音乐

在剪映中可以通过多种方法为视频添加背景音乐，如通过音乐库添加音乐、添加抖音收藏音乐、添加抖音短视频音乐，以及添加本地音乐等。为视频添加与编辑背景音乐的具体操作方法如下。

视频

添加与编辑背景
音乐

步骤 01 在主轨道最左侧点击"关闭原声"按钮🔇，即可将主轨道上所有视频素材的音量设置为0，然后点击"音频"按钮🎵，如图6-43所示。

步骤 02 在打开的界面中点击"音乐"按钮⏺，如图6-44所示。

步骤 03 进入"音乐"界面，从中可以选择音乐类型，然后选择合适的音乐，也可以在上方搜索框中搜索音乐，如图6-45所示。

图6-43 点击"音频"按钮

图6-44 点击"音乐"按钮

图6-45 选择合适的音乐

步骤 04 选择"抖音收藏"选项卡，可以选择在抖音App中收藏的音乐，如图6-46所示。

步骤 05 选择"导入音乐"选项卡，点击"链接下载"按钮🔗，可以粘贴抖音分享的视频链接来提取抖音短视频中的音乐，如图6-47所示。

步骤 06 点击"提取音乐"按钮🎵，可以看到提取过的音乐记录，点击"去提取视频中的音乐"按钮，如图6-48所示。

步骤 07 在相册中选中包含了音乐的视频文件，点击"仅导入视频的声音"按钮，如图6-49所示。

图6-46 选择"抖音收藏"音乐

图6-47 使用链接下载音乐

图6-48 点击"去提取视频中的音乐"按钮

步骤 08 此时即可查看提取出的音乐，点击音乐播放试听，然后点击"使用"按钮，如图6-50所示。

步骤 09 选中音乐，点击"节拍"按钮▦，如图6-51所示。

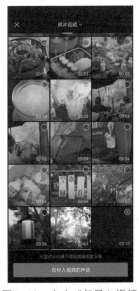

图6-49 点击"仅导入视频的声音"按钮

图6-50 试听音乐

图6-51 点击"节拍"按钮

步骤 10 在弹出的界面中打开"自动踩点"开关━○，点击"踩节拍II"按钮，即可在音乐上自动添加节拍点，然后点击✓按钮，如图6-52所示。

步 骤 ⑪ 根据需要将视频素材修剪到音乐节拍位置，如图 6-53 所示。

步 骤 ⑫ 在视频末尾修剪背景音乐的结束位置，使其与视频末尾对齐，如图 6-54 所示。

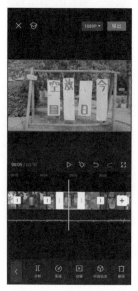

图6-52 音乐自动踩点 　　图6-53 根据音乐节拍
　　　　　　　　　　　　　　　 修剪视频素材 　　图6-54 修剪背景音乐的
　　　　　　　　　　　　　　　　　　　　　　　　　　　　　结束位置

步 骤 ⑬ 点击"淡化"按钮，在弹出的界面中调整淡出时长，然后点击✓按钮，如图 6-55 所示。

步 骤 ⑭ 点击"音量"按钮，在弹出的界面中向右拖动滑块增大背景音乐的音量，然后点击✓按钮，如图 6-56 所示。

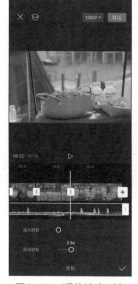

图6-55 调整淡出时长 　　　图6-56 调整音量

↘ 6.3.2 添加音效

音效分为环境音和特效音，在视频中添加音效可以增强视频的代入感和趣味性。在剪映中为视频添加音效的具体操作方法如下。

视频

添加音效

步骤 01 选中向冷藏箱倒冰块的视频素材，点击"音量"按钮 🔊，在弹出的界面中向右拖动滑块增加音量，即可添加倒冰块原声音效，如图 6-57 所示。

步骤 02 采用同样的方法为其他需要添加原声音效的视频素材调整音量，例如，为前三个视频素材添加原声中的环境音，如图 6-58 所示。

步骤 03 选中剥小龙虾的视频素材，点击"音频分离"按钮 🔊，如图 6-59 所示。

图6-57 添加倒冰块原声音效　　图6-58 调整音量　　图6-59 点击"音频分离"按钮

步骤 04 此时，即可将视频中的原声分离到音频轨道上，如图 6-60 所示。

步骤 05 调整音频的长度，使其覆盖后面两个视频素材，然后根据需要调整音量并设置音频淡化，如图 6-61 所示。

步骤 06 将时间指针定位到搅拌杯中冰块的视频素材，在一级工具栏中点击"音频"按钮 🎵，然后点击"音效"按钮 🎵，如图 6-62 所示。

步骤 07 在弹出的界面中搜索"冰块"，在搜索结果列表中选择"冰块搅拌声"音效，点击"使用"按钮，如图 6-63 所示。

步骤 08 此时即可添加音效素材，根据需要修剪音效素材并调整音效素材的长度和位置，然后调整音量并设置音频淡出，如图 6-64 所示。

步骤 09 采用同样的方法为前两个向杯中放冰块的视频素材添加"倒冰块的声音"音效，在添加一个音效后，可以通过复制操作添加第 2 个音效，如图 6-65 所示。

图6-60 分离音频

图6-61 调整音频

图6-62 点击"音效"按钮

图6-63 搜索并使用音效

图6-64 调整音效

图6-65 添加"倒冰块的
声音"音效

↘ 6.3.3 添加旁白配音

使用剪映的"录音"功能可以实时为视频画面录制语音旁白，创作者如果不满意自己的配音，还可以利用文本转语音功能添加配音，具体操作方法如下。

视频

添加旁白配音

步骤 **01** 在音频工具栏中点击"录音"按钮，在打开的界面中点击"录音"按钮，等待录音3秒倒计时后，即可开始依据画面内容对视频进行实时录音，如图6-66所示。录音完成后，还可以进行音频降噪或变声。

步骤 **02** 在一级工具栏中点击"文字"按钮，输入所需的旁白字幕。选中文本片段，点击"文本朗读"按钮，如图6-67所示。

步骤 **03** 在弹出的界面中选择所需的音色，然后对语速快慢进行调整，如图6-68所示。

图6-66　点击"录音"按钮　　图6-67　点击"文本朗读"按钮　　图6-68　选择音色并调整语速

6.4　添加与制作视频效果

下面为视频添加与制作视频效果，以实现不同的画面效果，包括添加转场效果、添加画面特效、制作动画效果、制作画面合成效果等。

6.4.1　添加转场效果

剪映提供了多种多样的转场效果，可以很方便地将其应用到视频素材之间。下面在视频中添加转场效果，使画面切换更流畅、更美观，具体操作方法如下。

视频

添加转场效果

步骤 **01** 点击第3个和第4个视频素材之间的"转场"按钮，如图6-69所示。

步骤 **02** 在弹出的界面中点击"光效"分类，选择"闪光灯"转场，拖动滑块调整转场时长为0.3s，然后点击 按钮，如图6-70所示。在选择转场效果时，可以尝试不同的效果进行对比，选择最合适的转场效果，还要根据视频节奏调整转场时长。

步骤 **03** 继续播放视频，预览视频的其他部分，观察镜头切换是否有比较生硬的地方，然后为其添加合适的转场效果。在此在"视频17"和"视频18"之间添加"叠化"转场效果，并调整转场时长为0.4s，如图6-71所示。

  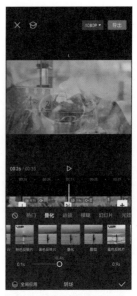

图6-69 点击"转场"按钮　　图6-70 添加"闪光灯"转场　　图6-71 添加"叠化"转场

↘ 6.4.2 添加画面特效

剪映提供的画面特效可以实现不同的画面效果，能够增强视频画面的表达力，提升视频的观赏性。为视频添加画面特效的具体操作方法如下。

视频

添加画面特效

步骤 **01** 将时间指针定位到轨道最左侧，点击"特效"按钮，在弹出的界面中点击"画面特效"按钮，如图6-72所示。

步骤 **02** 在弹出的界面中点击"基础"分类，选择"泡泡变焦"特效，点击"调整参数"按钮，在弹出的界面中调整"速度"和"强度"参数，然后点击按钮，如图6-73所示。

步骤 **03** 调整"泡泡变焦"特效的长度和位置，使其位于第1个视频素材的下方，如图6-74所示。

步骤 **04** 复制第2个视频素材，然后选中左侧的视频素材，点击"切画中画"按钮，如图6-75所示。

步骤 **05** 此时即可将该视频素材切换到画中画轨道，如图6-76所示。

步骤 **06** 按照前面的方法，在第2个视频素材下方添加"光"分类下的"边缘发光"特效。选中该特效，点击"作用对象"按钮，如图6-77所示。

步骤 **07** 在弹出的界面中选择"画中画"选项，点击按钮，如图6-78所示。

步骤 **08** 选中画中画素材，点击"蒙版"按钮，如图6-79所示。

步骤 **09** 在弹出的界面中选择"矩形"蒙版，在预览区调整蒙版大小，使其框住灯罩部分，如图 6-80 所示，然后调整蒙版羽化，可以看到此时"边缘发光"特效只作用在蒙版区域。

图6-72 点击"画面特效"按钮

图6-73 添加画面特效

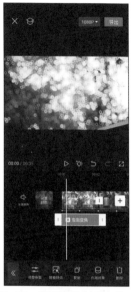

图6-74 调整特效长度和位置

图6-75 点击"切画中画"
按钮

图6-76 切换到画中画轨道

图6-77 点击"作用对象"
按钮

图6-78 选择"画中画"选项　　图6-79 点击"蒙版"按钮　　图6-80 调整蒙版大小

↘ 6.4.3 制作动画效果

视频

制作动画效果

为视频素材添加合适的动画效果，可以使画面变得动感。在剪映中可以使用关键帧或"动画"功能为画面制作动画效果，具体操作方法如下。

步骤 01 将时间指针定位到视频素材的左端，在时间线上方点击"添加关键帧"按钮◇，添加第1个关键帧，如图6-81所示。

步骤 02 将时间指针定位到视频素材的右端，在预览区调整画面的大小和位置，将自动添加第2个关键帧，在两个关键帧之间制作画面放大动画效果，如图6-82所示。

步骤 03 选中视频素材，点击"动画"按钮▣，在弹出的界面上方点击"出场动画"按钮，选择"轻微放大"动画，拖动滑块到最左侧，将动画时长调为最长，然后点击✓按钮，也可以制作画面放大动画效果，如图6-83所示。

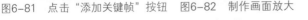

图6-81 点击"添加关键帧"按钮　图6-82 制作画面放大　图6-83 制作画面放大动画效果2
　　　　　　　　　　　　　　　　动画效果1

↘ 6.4.4 制作画面合成效果

混合模式可以控制不同轨道之间画面的叠加混合效果，可以用于画面合成，具体操作方法如下。

步骤 **01** 将时间指针定位到"视频 3"素材最左端，在一级工具栏中点击"画中画"按钮▣，然后点击"新增画中画"按钮▣，如图 6-84 所示。

步骤 **02** 在弹出的界面中添加"光线"视频素材，点击"混合模式"按钮▣，如图 6-85 所示。

步骤 **03** 在弹出的界面中选择"滤色"模式，拖动滑块调整不透明度，如图 6-86 所示。

图6-84 点击"新增画中画"
按钮

图6-85 点击"混合模式"
按钮

图6-86 选择"滤色"模式
并调整不透明度

6.5 视频调色

下面对视频进行调色，为视频营造特殊的画面色彩，并使各镜头的色调保持统一，提升视频画面的表现力。

↘ 6.5.1 使用滤镜调色

使用滤镜为视频调色，可以一键为视频营造特殊的色彩效果，具体操作方法如下。

步骤 **01** 将时间指针定位到要调色的位置，在一级工具栏中点击"调节"按钮▣，然后点击"新增滤镜"按钮▣，如图 6-87 所示。

步骤 02 在弹出的界面中点击"露营"分类，选择"林间"滤镜，拖动滑块调整滤镜强度为 80，然后点击 ☑ 按钮，如图 6-88 所示。

步骤 03 调整滤镜的长度，使其覆盖整个视频，如图 6-89 所示。

图6-87 点击"新增滤镜"
按钮

图6-88 应用滤镜

图6-89 调整滤镜的长度

↘ 6.5.2 使用"调节"功能调色

使用剪映的"调节"功能可以校正画面的色彩和曝光，使所有视频素材的色彩和曝光保持同一风格，具体操作方法如下。

步骤 01 选中滤镜，点击"编辑"按钮 ✂，如图 6-90 所示。

步骤 02 点击"对比度"按钮 ◐，拖动滑块调整对比度为 20，如图 6-91 所示。

视频

使用"调节"功能
调色

步骤 03 点击"光感"按钮 ⚙，拖动滑块调整光感为 15，如图 6-92 所示。

步骤 04 点击"饱和度"按钮 ◑，拖动滑块调整饱和度为 25，如图 6-93 所示。

步骤 05 点击"锐化"按钮 △，拖动滑块调整锐化为 20，如图 6-94 所示。

步骤 06 点击"高光"按钮 ◉，拖动滑块调整高光为 20，如图 6-95 所示。

步骤 07 点击"阴影"按钮 ⊝，拖动滑块调整阴影为 8，如图 6-96 所示。

步骤 08 在轨道上选中要单独调色的视频素材，点击"调节"按钮 ⚟，如图 6-97 所示。

步骤 09 在弹出的界面中点击"曲线"按钮 ∫，如图 6-98 所示。

步骤 10 在弹出的界面中调整曲线，降低阴影部分的亮度，然后点击 ◔ 按钮退出"曲线"界面，如图 6-99 所示。

图6-90　点击"编辑"按钮

图6-91　调整对比度

图6-92　调整光感

图6-93　调整饱和度

图6-94　调整锐化

图6-95　调整高光

步骤 ⑪ 根据需要调整其他调节参数，在此设置对比度为 +18，饱和度为 +8，光感为 −5，锐化为 +15，高光为 −15，阴影为 −20，然后点击✅按钮，如图 6-100 所示。

步骤 ⑫ 对使用关键帧动画的视频素材，不能直接对视频素材进行单独调色，否则会在时间指针位置添加新的关键帧，此时需要新建一个"调节"素材，放在视频素材下方进行调色，如图 6-101 所示。

图6-96 调整阴影

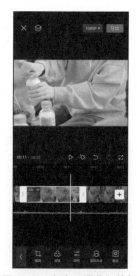

图6-97 点击"调节"按钮

图6-98 点击"曲线"按钮

图6-99 调整曲线

图6-100 调整调节参数

图6-101 添加"调节"素材
进行调色

6.5.3 HSL调色

HSL调色可以调整某一种颜色的色相、饱和度和明度，使用HSL调色的具体操作方法如下。

步骤 01 将时间指针定位到要调色的位置，在一级工具栏中点击"调节"按钮 ，然后点击"新增调节"按钮 ，如图6-102所示。

步骤 02 弹出"HSL"界面，点击"红色"按钮 ，然后提高饱和度，降低亮度，如图6-103所示。

视频

HSL调色

步骤 03 点击"橙色"按钮 ，然后降低亮度，点击 ⊙ 按钮退出"HSL"界面，如图 6-104 所示。HSL 调色完成后，将"调节"素材复制到其他有小龙虾的视频素材下。

图6-102　点击"新增调节"按钮　　　图6-103　调整红色　　　　　图6-104　调整橙色

6.5.4　混合模式调色

当使用"调节"功能调色不理想时，可以尝试采用混合模式进行调色，具体操作方法如下。

步骤 01 复制要调色的视频素材，将其切换到画中画轨道，点击"混合模式"按钮 ⊡，如图 6-105 所示。

步骤 02 在弹出的界面中选择"颜色减淡"模式，拖动滑块调整不透明度，如图 6-106 所示。

图6-105　点击"混合模式"按钮　　　图6-106　选择"颜色减淡"模式并调整不透明度

6.6 添加字幕与导出视频

视频的主要剪辑工作完成后，最后在视频中添加必要的字幕，并将视频导出到手机相册。

↘ 6.6.1 添加与编辑标题字幕

下面为本章案例视频添加与编辑标题字幕，具体操作方法如下。

视频

添加与编辑标题
字幕

步骤01 将时间指针定位到最左侧，在画中画轨道上插入黑色图片，然后点击"混合模式"按钮，如图6-107所示。

步骤02 在弹出的界面中选择"正常"模式，拖动滑块调整不透明度为25，压暗画面，然后点击✓按钮，如图6-108所示。

步骤03 将时间指针定位到最左侧，在一级工具栏中点击"文字"按钮，在弹出的界面中点击"新建文本"按钮，如图6-109所示。

图6-107 点击"混合模式"
按钮

图6-108 调整不透明度

图6-109 点击"新建文本"
按钮

步骤04 在弹出的界面中输入所需的文字，点击"字体"按钮，然后点击"可爱"标签，选择"卡酷体"字体，如图6-110所示。

步骤05 点击"花字"按钮，然后点击"蓝色"标签，选择所需的花字样式，点击✓按钮，如图6-111所示。

步骤06 在编辑栏中单独选中"鲜"字，点击"样式"按钮，然后点击"文本"标签，选择所需的颜色，如图6-112所示。

图6-110　选择字体

图6-111　选择花字样式

图6-112　设置文字颜色

步骤 07 采用同样的方法，在画面中添加其他标题文字并设置格式，如图6-113所示。

步骤 08 点击"添加贴纸"按钮，在弹出的界面中搜索贴纸"椰子"，选择要添加的贴纸，如图6-114所示。

步骤 09 在预览区中调整贴纸的大小和位置，如图6-115所示。

图6-113　添加其他标题文字
并设置格式

图6-114　选择贴纸

图6-115　调整贴纸
大小和位置

步骤 ⑩ 调整文本素材和贴纸素材的长度，使其覆盖前三个视频素材。选中文本素材，点击"动画"按钮◎，如图 6-116 所示。

步骤 ⑪ 在弹出的界面中点击"出场"标签，选择"模糊"动画，拖动滑块调整时长为 1.0s，然后点击✓按钮，如图 6-117 所示。

步骤 ⑫ 采用同样的方法为其他文本素材和贴纸素材添加出场动画，在预览区中预览动画效果，如图 6-118 所示。

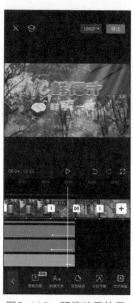

图6-116 点击"动画"按钮　　图6-117 设置出场动画　　图6-118 预览动画效果

↘ 6.6.2　设置封面并导出短视频

下面使用剪映为视频设置一个美观的封面，并将视频导出到手机相册，具体操作方法如下。

视频

设置封面并导出
短视频

步骤 ① 在轨道最左侧点击"设置封面"按钮，在弹出的界面中左右拖动时间线，选择要设置为封面的视频画面。若将视频画面作为封面，只需选择标题所在的画面即可，如图 6-119 所示。

步骤 ② 若要制作新的封面，可以在选择视频画面后点击"封面模板"按钮▦，如图 6-120 所示。

步骤 ③ 在弹出的界面中点击"美食"分类，选择要使用的模板，然后点击✓按钮，如图 6-121 所示。

步骤 ④ 点击封面上的文字，根据需要修改文字，然后点击"保存"按钮，如图 6-122 所示。

步骤 ⑤ 点击界面右上方的 1080P▾ 按钮，在弹出的界面中设置分辨率、帧率、码率（Mbps）等，如图 6-123 所示。

步骤 ⑥ 点击"导出"按钮，开始将视频导出到手机相册。导出完成后，根据需要选择将视频分享到抖音或西瓜视频，点击"完成"按钮，如图 6-124 所示。

图6-119 选择视频画面

图6-120 点击"封面模板"按钮

图6-121 选择模板

图6-122 点击"保存"按钮

图6-123 导出设置

图6-124 导出完成

课后实训：制作美食广告宣传视频

1. 实训目标

制作一条美食广告宣传视频。

2. 实训内容

打开"课后实训"文件夹中提供的视频素材，预览各视频素材内容，将视频素材传输到手机相册中，使用剪映App制作一条美食广告宣传视频。

3. 实训步骤

（1）导入与修剪视频素材

在剪映中新建剪辑项目，将视频素材逐个导入项目中，对视频素材进行修剪，删除不用的部分，然后按照剪辑顺序调整各视频素材的排列顺序。

（2）添加音乐并精剪视频

利用"提取音乐"功能导入视频中的声音，对音乐进行修剪并添加自动节拍点。根据音乐节奏调整各视频素材剪辑点的位置，并根据需要对各视频素材进行变速调整。

（3）添加视频效果

在各视频素材之间添加合适的转场效果和动画效果，让画面切换更流畅。然后根据需要添加画面特效，渲染画面氛围，提升视频的观赏性。

（4）编辑音频与字幕

在视频中添加必要的说明性字幕和广告语字幕，并设置字幕动画，然后根据需要调整背景音乐的音量，并制作音乐淡入和淡出效果，为视频添加合适的转场音效和氛围音效。

（5）视频调色与导出短视频

使用"调节""滤镜""混合模式"等功能对画面进行个性化调色，提升视频画质。然后为视频设置一个好看的封面，并导出短视频。

（6）实训评价

进行小组自评和互评，撰写个人心得和总结，最后由教师进行评价和指导。

课后思考

1. 简述移动端视频剪辑的特点与优势。
2. 简述移动端视频剪辑的基本流程。

第 7 章 创作实战：
抖音短视频拍摄与制作

【知识目标】

- 掌握使用手机拍摄视频素材的方法。
- 掌握设计镜头转场的方法。
- 掌握导入与剪辑视频素材的方法。
- 掌握为抖音短视频添加视频效果的方法。
- 掌握为抖音短视频进行调色的方法。
- 掌握导出与发布抖音短视频的方法。

【能力目标】

- 能够使用手机拍摄抖音短视频。
- 能够使用剪映App制作抖音短视频。

【素养目标】

- 在短视频创作中弘扬爱国精神，厚植家国情怀。
- 用短视频助力"夜经济"建设，激发城市新活力。

　　抖音是当下热门的短视频社交平台，它已经从一款单纯的娱乐工具变成备受用户追捧的创意视频社交平台。抖音操作简单，容易上手，好作品能获得粉丝的关注、点赞与好评。无论是个人还是企业，都能通过抖音进行快速展示与曝光，甚至获得巨大的流量。本章将介绍使用手机拍摄抖音短视频的方法，以及使用剪映App制作抖音短视频的方法。

7.1 使用手机拍摄抖音短视频

　　抖音是一款可以拍摄音乐创意短视频并带有社交分享平台的App。拍摄抖音短视频非常简单，一部手机并融入一些创意，就可以进行抖音短视频作品的拍摄。下面将通过案例介绍如何拍摄视频素材，并设计镜头转场。

↘ 7.1.1 拍摄视频素材

　　本案例利用手持手机和稳定器拍摄一个商业步行街的短视频。由于拍摄环境中人比较多，在运镜上主要采用固定镜头和小范围的横移、纵摇、环绕运镜，以及使用稳定器前推运镜。拍摄的画面应避免单一视角，可以利用分镜头的方式分多个视角拍摄同一被摄主体，例如，利用不同景别和角度拍摄同一被摄主体，如图7-1所示。

图7-1　多视角拍摄

　　在拍摄时，同类场景的视频素材可以多拍几个，如美食、店铺门头等，如图7-2所示。

图7-2　拍摄同类场景的视频素材

在拍摄时，还要拍摄一些特写、空镜或大景别的画面，用于视频过渡或结尾，如图7-3所示。

图7-3　拍摄特写和空镜

7.1.2　设计镜头转场

创作者在设计镜头转场时，应多利用上下镜头在内容、造型上的内在关联来连接场景，使镜头组接自然，段落过渡流畅。常用的转场方法主要包括以下几种。

（1）相同运动方向转场

相同运动方向转场是指前后两个画面中的被摄主体都朝着同一方向运动，是一种自然、顺畅的转场方式。

（2）遮罩转场

遮罩转场，又称遮挡镜头转场，指上一个镜头接近结束时被摄主体接近镜头，下一个镜头被摄主体又移出视频画面，从而实现场景的转换。

（3）相似形状转场

相似形状转场是指两个镜头的被摄主体在外形上具有相似性或者是同一个事物，通过被摄主体的运动、出画和入画来组接两个镜头，从而实现场景的变换，体现空间与时间的变化。

（4）动作转场

动作转场是指借助人物、动物、交通工具等事物的动作和动势的可衔接性，以及动作的相似性作为场景或时空转换的手段。

（5）承接转场

承接转场是指利用上下镜头内容上的呼应关系来实现转场。

（6）景物转场

景物转场是指利用空镜头实现场景过渡，这类空镜头可以是以景为主、物为陪衬的镜头，如拍摄场地的地理环境、景物风貌；也可以是以物为主、景为陪衬的镜头，如街道上穿梭的汽车。

（7）景别转场

景别转场是指利用同一个被摄主体多个景别镜头来实现场景的转换。在组接同一被摄主体的镜头时，前后两个镜头在景别和视角上要有显著的变化，切忌"三同"（同被摄主体、同景别、同视角）镜头直接组接，否则视频画面无明显变化，会让观众出现"跳帧"的错觉。

此外，利用特写景别也可以实现转场，不论上一组镜头的景别是什么，下一组镜头都是从特写开始。特写镜头强调画面细节，能够暂时集中观众的注意力，能在一定程度上弱化场景转换过程中的视觉跳动。

（8）硬切转场

在找不到比较合适的转场方式时，可以采用硬切转场。在使用硬切转场方式时，拍摄的画面之间最好有一定的关联性，如都是在室内的场景，都是相似视角拍摄的画面等。

7.2 使用剪映App制作抖音短视频

下面将详细介绍如何使用剪映App制作抖音短视频，包括导入与剪辑视频素材、添加视频效果、短视频调色，以及导出与发布抖音短视频等。

↘ 7.2.1 导入与剪辑视频素材

下面使用剪映App对拍摄的视频素材进行剪辑。首先导入视频素材，并添加合适的背景音乐，依据背景音乐的节奏调整视频素材的剪辑点和速度，然后对视频画面构图进行优化，具体操作方法如下。

视频

导入与剪辑视频
素材

步骤 **01** 打开剪映 App，点击"开始创作"按钮 ⊞，如图 7-4 所示。

步骤 **02** 在打开的界面中依次选中要添加的视频素材，在下方选中"高清"选项设置高清画质，在下方长按并左右拖动视频素材缩览图调整视频素材的先后顺序，如图 7-5 所示。

步骤 **03** 点击时长较长的视频素材缩览图，在打开的界面中预览视频素材，然后点击左下方的"裁剪"按钮 ⌧，如图 7-6 所示。

图7-4 点击"开始创作"按钮　　图7-5 调整视频素材顺序　　图7-6 点击"裁剪"按钮

步骤 **04** 进入"裁剪"界面，拖动视频素材左右两侧的滑杆裁剪视频素材的左端和右端，点击 ✓ 按钮，如图 7-7 所示，然后点击"添加"按钮。

步骤 **05** 点击"音频"按钮 ♪，然后点击"音乐"按钮 ♫，如图 7-8 所示。

步骤 **06** 在打开的界面中搜索音乐，然后选择所需的音乐，点击"使用"按钮，如图 7-9 所示。

图7-7　裁剪视频素材　　　　图7-8　点击"音乐"按钮　　　　图7-9　点击"使用"按钮

步骤 07 选中背景音乐，在 00:46 处进行分割，然后选中左侧的音乐片段，点击"删除"按钮█将其删除，如图 7-10 所示。

步骤 08 将另一段背景音乐拖至最左侧，点击"节拍"按钮█，如图 7-11 所示。

步骤 09 在弹出的界面中打开"自动踩点"开关█，点击"踩节拍 II"按钮，即可在背景音乐上自动踩点，然后点击█按钮，如图 7-12 所示。

图7-10　分割与删除背景音乐　　　图7-11　点击"节拍"按钮　　　图7-12　音乐自动踩点

步骤 ⑩ 播放视频，将时间指针定位到音乐节拍位置，这里的节拍位置不是音乐踩点位置，而是以音乐中的人声为音乐节拍位置。在时间线上用两根手指向外拉伸放大时间线，在时间线上可以看到时间指针位于0.9s的位置，如图7-13所示。

步骤 ⑪ 对第1个视频素材进行修剪，然后设置曲线变速，使视频素材的时长缩短为0.9s，点击✓按钮，如图7-14所示。

步骤 ⑫ 后面两个视频素材展示步行街门口的喷泉，这两个视频素材在组接时以新喷出的上升水柱为剪辑点。在修剪上一个视频素材时，先将视频素材的右端修剪到新的水柱喷出上升到画面顶部的位置，然后对该视频素材的左端进行修剪，使视频素材的右端位于音乐节拍位置，如图7-15所示。

图7-13　放大时间线

图7-14　曲线变速

图7-15　修剪与调整前一个视频素材

步骤 ⑬ 修剪下一个视频素材的左端，使其位于水柱刚好喷出的位置，如图7-16所示。

步骤 ⑭ 根据需要对视频素材进行常规变速，使其与前后视频素材的节奏及背景音乐节奏相匹配，如图7-17所示。

步骤 ⑮ 根据背景音乐节奏修剪其他视频素材，使其剪辑点与音乐节拍或鼓点位置对齐，如图7-18所示。

步骤 ⑯ 根据需要对一些运动镜头进行曲线变速，使画面运动更具节奏感，如图7-19所示。在进行曲线变速时，可先将视频素材右端修剪到剪辑点位置，查看视频素材的时长，然后恢复其时长，在调整曲线变速时将变速后的时长调整为所需的时长即可。

步骤 ⑰ 在短视频后段中，火车车厢小排档部分的视频素材时长相对较长，在此将其分割为多个视频素材，并依据音乐节奏为每个视频素材设置不同的播放速度，以提升画面节奏感，如图7-20所示。

图7-16 修剪下一个视频
素材的左端

图7-17 常规变速

图7-18 依据音乐节奏修剪
其他视频素材

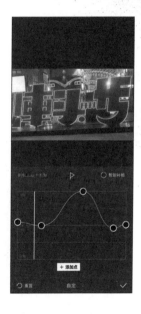

图7-19 曲线变速

步骤 18 根据需要对画面构图进行调整，在主轨道上选中视频素材，在预览区放大画面并调整画面位置或旋转画面，如图 7-21 所示。短视频粗剪完成后多预览几遍，根据背景音乐节奏调整视频素材的时长和速度，以把握短视频的整体节奏。

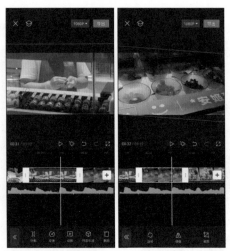

图7-20 分割并调整速度　　　　　图7-21 调整画面构图

↘ 7.2.2 添加视频效果

下面为抖音短视频添加视频效果，其中动画和转场效果可以使各视频素材切换得更加流畅，添加画面特效可以使视频画面看起来比较动感、炫酷，具体操作方法如下。

视频

添加视频效果

步骤 01 选中第4个视频素材，点击"动画"按钮▶️，在弹出的界面上方点击"入场动画"按钮，然后选择"动感缩小"入场动画，拖动滑块调整动画时长为0.8 s，如图7-22所示。

步骤 02 点击"出场动画"按钮，然后选择"轻微放大"出场动画，拖动滑块调整动画时长为0.5s，然后点击☑️按钮，如图7-23所示。

步骤 03 点击第4个和第5个视频素材之间的"转场"按钮Ⅰ，如图7-24所示。

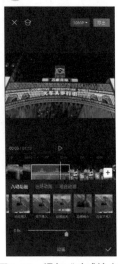
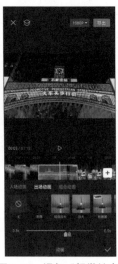

图7-22 添加"动感缩小"　　图7-23 添加"轻微放大"　　图7-24 点击"转场"按钮
　　　　　入场动画　　　　　　　　出场动画

步骤 04 在弹出的界面中点击"模糊"分类，然后选择"亮点模糊"转场，拖动滑块调整转场时长为 0.5s，然后点击 ☑ 按钮，如图 7-25 所示。

步骤 05 在第 6 个和第 7 个视频素材之间添加"运镜"分类下的"色差逆时针"转场，如图 7-26 所示。

步骤 06 继续为其他视频素材添加动画和转场，为第 12 个视频素材添加"向上转出"出场动画，如图 7-27 所示。

图7-25　添加"亮点模糊"　　　图7-26　添加"色差逆时针"　　　图7-27　添加"向上转出"
　　　　　　转场　　　　　　　　　　　　　转场　　　　　　　　　　　　　出场动画

步骤 07 为第 13 个视频素材添加"向上转入"入场动画，如图 7-28 所示。

步骤 08 为第 15 个视频素材添加"动感放大"入场动画，如图 7-29 所示。

步骤 09 在"一座城市 一段回忆"视频素材和"店铺门头"视频素材之间添加"光效"分类下的"光束"转场，如图 7-30 所示。然后采用同样的方法为其他视频素材添加合适的转场效果，让视频播放更加流畅。

步骤 10 选中"发光文字"视频素材，在其开始位置和结束位置分别添加一个关键帧，然后将时间指针定位在开始位置，在预览区调整画面大小并旋转画面，制作关键帧动画，如图 7-31 所示。

步骤 11 为该视频素材添加"动感缩小"入场动画，如图 7-32 所示。

步骤 12 为该视频素材设置曲线变速，如图 7-33 所示。采用同样的方法，剪辑其他两个"发光文字"视频素材。

步骤 13 将时间指针定位到第 4 个视频素材中，点击"特效"按钮 🎆，然后点击"画面特效"按钮 🖼，在打开的界面中选择"基础"分类下的"镜头变焦"特效，然后点击 ☑ 按钮，如图 7-34 所示。

步骤 14 调整"镜头变焦"特效的长度和位置，如图 7-35 所示。

步骤 15 点击"复制"按钮 ▢，复制"镜头变焦"特效，并将其移至下一个视频素材的下方，然后点击"调整参数"按钮 ▤，如图 7-36 所示。

图7-28 添加"向上转入"
入场动画

图7-29 添加"动感放大"
入场动画

图7-30 添加"光束"转场

图7-31 制作关键帧动画

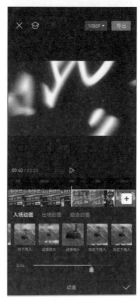

图7-32 添加"动感缩小"
入场动画

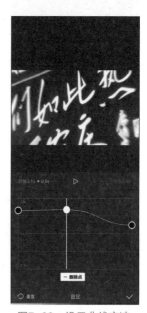

图7-33 设置曲线变速

图7-34 选择"镜头变焦"特效　图7-35 调整特效长度和位置　图7-36 点击"调整参数"按钮

步骤 **16** 在弹出的界面中调整"变焦速度"和"放大"参数，然后点击✅按钮，如图 7-37 所示。

步骤 **17** 在人流走动的推镜头视频素材下方添加"电影"分类下的"重庆大厦"特效，并调整特效参数，如图 7-38 所示。

步骤 **18** 在人拿气球走过的视频素材下方添加"基础"分类下的"鱼眼"特效，如图 7-39 所示。

图7-37 调整特效参数　　　图7-38 添加"重庆大厦"　　图7-39 添加"鱼眼"特效
　　　　　　　　　　　　　　　特效并调整参数

步骤 ⑲ 在"商场游乐设施"视频素材的开始位置添加"基础"分类下的"分屏开幕"特效，如图7-40所示。

步骤 ⑳ 在"车厢隧道"视频素材下方添加"动感"分类下的"色差放大"特效，如图7-41所示。

步骤 ㉑ 在"食光隧道"视频素材的开始位置和结束位置分别添加"动感"分类下的"幻影Ⅱ"特效，如图7-42所示。

图7-40 添加"分屏开幕" 　图7-41 添加"色差放大"特效 　图7-42 添加"幻影Ⅱ"特效
　　　　特效

步骤 ㉒ 在"一座城市　一段回忆"视频素材下方添加"动感"分类下的"心跳"特效，如图7-43所示。

步骤 ㉓ 在多个"店铺门头"视频素材下方添加"动感"分类下的"灵魂出窍"特效，如图7-44所示。

步骤 ㉔ 在下一个"车厢隧道"视频素材下方添加"综艺"分类下的"手电筒"特效，如图7-45所示。

步骤 ㉕ 在下一个视频素材下方添加"基础"分类下的"泡泡变焦"特效，如图7-46所示。

步骤 ㉖ 在下一个视频素材下方添加"氛围"分类下的"星火炸开"特效，如图7-47所示。

步骤 ㉗ 在"美食"视频素材下方添加"边框"分类下的"纸质边框Ⅱ"特效，如图7-48所示。

图7-43 添加"心跳"特效

图7-44 添加"灵魂出窍"
特效

图7-45 添加"手电筒"特效

图7-46 添加"泡泡变焦"
特效

图7-47 添加"星火炸开"
特效

图7-48 添加"纸质边框Ⅱ"
特效

↘ 7.2.3 短视频调色

下面对抖音短视频进行调色，具体操作方法如下。

步骤 **01** 将时间指针定位到要调色的位置，在一级工具栏中点击"滤镜"按钮❷，如图 7-49 所示。

步骤 **02** 在弹出的界面中点击"基础"分类，选择"清晰"滤镜，拖

视频

短视频调色

动滑块调整滤镜强度为 80，然后点击 ☑ 按钮，如图 7-50 所示。

步骤 03 调整"清晰"滤镜的长度，使其覆盖整个短视频，如图 7-51 所示。

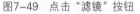

图7-49 点击"滤镜"按钮	图7-50 应用滤镜	图7-51 调整滤镜片段长度

步骤 04 在主轨道上选中要单独调色的视频素材，点击"调节"按钮 ☷，如图 7-52 所示。

步骤 05 在弹出的界面中点击"曲线"按钮 ☑，调整曲线，增加画面的对比度，然后点击 ☉ 按钮退出"曲线"界面，如图 7-53 所示。

步骤 06 根据需要调整其他各项调节参数，在此设置"饱和度"为 +15，"光感"为 +10，"高光"为 +10，"锐化"为 +50，如图 7-54 所示。

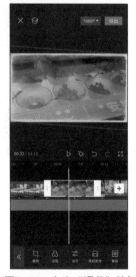

图7-52 点击"调节"按钮	图7-53 调整曲线	图7-54 调整其他调节参数

↘ 7.2.4 导出与发布抖音短视频

下面将制作完成的短视频导出并发布到抖音平台上，具体操作方法如下。

步骤 01 点击界面右上方的 1080P▾ 按钮，在弹出的界面中设置分辨率、帧率、码率（Mbps）等选项，如图 7-55 所示。

步骤 02 点击"导出"按钮，开始将短视频导出到手机，导出完成后点击"抖音"选项♪，如图 7-56 所示。

步骤 03 打开抖音 App，自动进入短视频剪辑界面，点击"下一步"按钮，如图 7-57 所示。

图7-55 设置导出选项

图7-56 点击"抖音"选项

图7-57 点击"下一步"按钮

步骤 04 进入"发布"界面，输入短视频描述，并添加相关话题，然后点击"选封面"按钮，如图 7-58 所示。

步骤 05 在打开的界面中拖动下方的选框选择封面图片，然后点击"下一步"按钮，如图 7-59 所示。

步骤 06 点击"文字模板"按钮，输入文字并选择模板样式，然后点击"保存封面"按钮，如图 7-60 所示。

步骤 07 返回"发布"界面，点击"作品同步"按钮，在弹出的界面中启用"同步至西瓜视频和今日头条"，如图 7-61 所示。

步骤 08 点击"高级设置"按钮，在弹出的界面中进行相关发布设置，如开启"高清发布"功能，如图 7-62 所示。

步骤 09 设置完成后，点击"发布"按钮，等待短视频上传完成后，即可看到发布的作品，如图 7-63 所示。

图7-58 点击"选封面"按钮

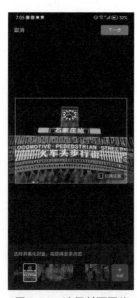

图7-59 选择封面图片

图7-60 输入文字并选择
模板样式

图7-61 启用"同步至
西瓜视频和今日头条"

图7-62 设置发布选项

图7-63 发布完成

课后实训：制作街拍抖音短视频

1. 实训目标

将拍摄的街拍视频制作成抖音短视频。

2. 实训内容

打开"课后实训"文件夹中提供的视频素材，预览各视频素材内容，将视频素材导入手机相册中，使用剪映App制作一条街拍抖音短视频。

3. 实训步骤

（1）导入与修剪视频素材

将视频素材导入剪映App中，对视频素材进行粗略修剪，裁掉不用的部分。为短视频添加背景音乐，并根据音乐节奏精剪视频素材。对各视频素材进行变速调整，使其与音乐节奏匹配。然后对视频画面构图进行调整。

（2）添加视频效果

为视频素材添加转场和动画效果，使视频播放更流畅。添加画面特效，让视频画面更美观。

（3）编辑音频与字幕

调整部分视频素材的音量，在短视频中添加环境音，然后在转场位置和加速位置添加音效。使用文字模板为短视频添加标题和片尾引导字幕。

（4）短视频调色与导出短视频

为短视频添加滤镜效果进行调色，然后对个别视频素材进行单独调色，最后导出短视频。

（5）实训评价

进行小组自评和互评，撰写个人心得和总结，最后由教师进行评价和指导。

课后思考

1. 简述拍摄抖音短视频的方法。
2. 简述设计镜头转场的方法。

第 8 章 创作实战：
商品视频拍摄与制作

【知识目标】

- 熟悉商品视频的拍摄流程。
- 掌握商品视频的拍摄方法。
- 掌握使用Premiere制作商品视频的方法。

【能力目标】

- 能够根据实际需求拍摄商品视频。
- 能够使用Premiere制作商品视频。

【素养目标】

- 培养观察能力，善于捕捉商品的卖点与细节。
- 弘扬工匠精神，在视频创作中精雕细琢，力求完美。

　　目前，网店平台中的很多图文内容正在被更直观、更生动的视频所取代。视频能够让买家快速了解商品的特点、功能与品牌理念等，能迅速引起买家的兴趣，让其产生购买的意愿。而对于卖家来说，他们可以通过视频更清晰地展现商品的卖点。本章将详细介绍商品视频拍摄与制作的方法。

8.1　拍摄商品视频

随着数码产品的不断升级，商品视频的拍摄已经不再局限于摄像机，使用单反相机和手机都可以完成商品视频的拍摄。下面将介绍商品视频拍摄流程、构图要素与构图法则、拍摄景别、拍摄方向和角度等。

↘ 8.1.1　商品视频拍摄流程

商品视频的拍摄流程包括五步，分别为了解商品，撰写脚本，准备器材和道具，视频拍摄与视频剪辑，如图8-1所示。

1 了解商品
了解商品持点、使用方法、使用效果等。

2 撰写脚本
确定视频的时长，计划拍摄内容及各镜头内容等。

3 准备器材和道具
选择合适的拍摄场景、道具、模特等，以及选用合适的拍摄器材。

4 视频拍摄
根据脚本拍摄各视频素材，拍摄中还要做好布光和录音工作。

5 视频剪辑
使月移动端或PC端的视频编辑软件剪辑商品视频。

图8-1　商品视频拍摄流程

↘ 8.1.2　商品视频构图要素

在拍摄商品视频时，拍摄的距离、角度、光线等因素不是一成不变的，创作者可以根据具体情况随时进行调整。在进行商品画面构图时，需要注意以下四个要素。

1. 线条

线条一般是指视频画面所表现出的明暗分界线和形象之间的连接线，如地平线、道路的轨迹、排成一行的树木的连线等。根据线条所在位置的不同，线条可分为外部线条和内部线条。外部线条是指画面形象的轮廓线，内部线条则是指被摄主体轮廓线范围以内的线条。

根据形式的不同，线条又可以分为直线与曲线。而直线又有水平线、垂直线和斜线之分，水平线容易产生宽阔之感，垂直线容易传达高耸、刚直之感；曲线指的是一个点沿着一定的方向移动并发生变向后所形成的轨迹。在进行商品视频的拍摄时，创作者如果能充分利用线条，往往能得到不错的画面效果，如图8-2所示。

图8-2　利用线条

2. 色彩

作为影像画面的重要构成元素之一，色彩在商品拍摄构图中也有着举足轻重的地位和作用。通过对商品拍摄色彩的设计、提炼、选择与搭配，能够使商品视频拥有良好的艺术效果，让人记忆深刻。

3. 光线

光线是影响视频画面构图的基础和灵魂。在选择与处理光线时，必须充分考虑画面在表现空间、方位等变化时对画面光影结构的影响。商品视频的拍摄对光线的要求很复杂，光线随着环境、被摄主体、机位甚至光位的变化直接影响着画面的造型效果。

4. 影调

影调是指画面中的影像所表现出的明暗层次和明暗关系，它是处理画面造型、构图，以及烘托气氛、表达情感、反映创作者创作意图的重要手段。拍摄商品视频时，如果商品视频画面中亮的景物多、占的面积大，会给人以明朗、纯洁、轻快的感觉，如图8-3（a）所示；如果商品视频画面中暗的景物多，会给人以神秘、肃静、稳重、刚毅之感，如图8-3（b）所示；如果商品视频画面明暗适中、层次丰富，会给人以和谐、宁静、柔和之感，如图8-3（c）所示。

（a） （b） （c）

图8-3　不同影调的商品画面

↘ 8.1.3　商品视频构图法则

创作者要想让自己拍摄的商品视频更加美观，需要对商品本身和周围布景、景物进行仔细观察，明确自己拍摄对象是什么，以及想为商品视频营造怎样的风格与氛围等。

在进行商品视频拍摄取景时，创作者要遵循以下构图法则。

1. 主体明确

画面构图的主要目的是突出主体，所以创作者在进行商品视频拍摄画面的构图时，要将主体商品放在醒目的位置上。按照人们通常的视觉习惯，可以让主体商品位于画面的中心位置，这样更容易突出主体商品，如图8-4所示。

2. 增加陪衬

如果拍摄的画面中只有一个商品的形象，未免有些单薄。再好的商品也需要进行衬托，在拍摄时可以通过背景和装饰物等进行陪衬，以突出主体商品，如图8-5所示。但是，切记要主次分明，不要让陪衬物品抢占了主体商品的风头。

图8-4　主体明确

图8-5　增加陪衬

3. 合理布局

拍摄画面中的物品不是随便摆放就能达到美观的视觉效果，需要让主体商品和陪衬物品在画面中进行合理的分布，也就是画面的合理布局。利用对称式构图法、九宫格构图法、三角形构图法、中心构图法等进行精心的构图设计，能够使画面显得更有章法，主体商品也会变得更加突出，如图8-6所示。

图8-6　合理布局

4. 场景衬托

将主体商品放在合适的场景中，不仅能够突出主体商品，还可以给画面增加浓重的现场感，显得更加真实可信，如图8-7所示。

5. 画面简洁

虽然拍摄主体商品时需要利用背景与陪衬物品进行衬托，但也要力求画面简洁，避免杂乱无章。因此，在拍摄商品视频时，要敢于舍弃一些不必要的装饰，这样才能突出表现主体商品。

如果遇到比较杂乱的背景，创作者可以采取放大光圈的方法，让后面的背景模糊不清，从而达到突出主体商品，使画面更简洁的目的，如图8-8所示。

图8-7　场景衬托

图8-8　画面简洁

↘ 8.1.4　商品拍摄景别

在拍摄商品视频时，需要展现商品的整体形象、不同角度的外观，以及内部细节等，所以经常需要采用全景、中景、近景、特写等不同的景别进行拍摄。

1. 全景

全景主要用于展现所拍摄商品的全貌及周围环境的特点，要求景深较大，如图8-9所示。

2. 中景

中景一般用于表现人与物、物与物之间的关系，偏重于动作姿势，如图8-10所示。

图8-9　全景

图8-10　中景

3. 近景

近景往往是对商品的主要外观进行细腻的刻画，多用于商品的多角度展示，如图8-11所示。

4. 特写

特写以表现商品局部为主，可以对商品内部结构或局部细节进行突出展示，用于体现商品的材质和质量等，如图8-12所示。

图8-11 近景

图8-12 特写

↘ 8.1.5 拍摄方向与拍摄角度

拍摄方向的变化是指以被摄主体为中心，拍摄设备在水平位置上的前、后、左、右位置的变化。有时，也可以改变被摄主体的方向，以获得不同方向的拍摄效果。在拍摄商品时，常用的拍摄方向有商品的正面、背面、侧面和底部等，选择不同的拍摄方向可以多方位地展示商品，如图8-13所示。

图8-13 不同的拍摄方向

在拍摄方向不变的前提下，改变拍摄的高度可以使画面的透视关系发生改变，高度的变化会使拍摄角度发生变化。常常用到的拍摄角度有平视、仰视、俯视等。在拍摄真人模特时，选择不同的拍摄角度，可以使拍摄的画面产生不同的构图艺术效果。

拍摄高度的选择要根据所要表现的主体商品和周围的环境来确定。例如，在服装视频拍摄中，常常采用平视角度拍摄上衣、裙装等，采用仰视角度拍摄裤子、靴子等，采用俯视角度拍摄内衣等。

↘ 8.1.6 拍摄实战：拍摄砧板商品视频素材

下面拍摄一款砧板商品视频素材。拍摄场景设在家庭厨房中，在视频中展示砧板的功能、特点、材质、外观设计等，共包括6组镜头。其拍摄方法分别如下。

（1）第一组镜头为在砧板上切菜、切水果的镜头，展示砧板的整体效果。拍摄采用不同的拍摄方向、拍摄角度和镜头形式，共包括以下6个镜头。

第1个镜头从正面平拍切尖椒，第2个镜头从侧面俯拍切黄瓜，第3个镜头从正面俯拍切柠檬，第4个镜头从侧面顶拍切西红柿，第5个镜头从正面拍摄切肉的特写镜头，其中第2个镜头运用了跟摇的运镜方式，其他镜头均运用固定镜头进行拍摄，如图8-14所示。

图8-14　拍摄切菜、切水果的镜头

第6个镜头为将切好的蔬菜与水果摆放在桌面上，并围绕砧板排列，采用从左向右的摇镜头拍摄整体画面，如图8-15所示。该镜头将用作商品视频的开场镜头。

图8-15　采用摇镜头拍摄整体画面

（2）第二组镜头为展示砧板不锈钢面的特点，共包括2个镜头：第1个镜头为采用平移运镜拍摄砧板不锈钢面的特写镜头，展示其3D立体魔方纹理，如图8-16所示；第2个镜头为俯拍的全景固定镜头，将一条生鱼放在砧板上，并将砧板一侧抬起，展示砧板安全防滑的特点，如图8-17所示。

图8-16　拍摄砧板魔方纹理的镜头　　　　图8-17　拍摄砧板安全防滑的镜头

（3）第三组镜头为展示使用砧板磨刀器的镜头，只有1个镜头。运用固定镜头进行拍摄，拍摄时长相对较长，拍摄内容包括在砧板上安装磨刀器，展示安装磨刀器后的效果，使用菜刀依次在三个磨刀位上划一下，使用菜刀、水果刀和剪刀分别在磨刀器的三个磨刀位上各划一下，如图8-18所示。

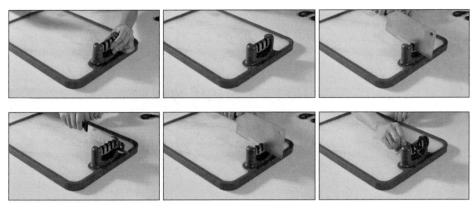

图8-18　拍摄使用砧板磨刀器的镜头

（4）第四组镜头主要展示砧板不粘污、易清洗的特点，共包括2个镜头：第1个镜头，先往砧板上涂一些油渍，然后使用纸巾擦拭油渍，拍摄时运运用固定镜头俯拍近景画面，如图8-19所示；第2个镜头，将砧板拿到水池，使用水龙头清洗砧板上的油渍，在拍摄时运用固定镜头平拍近景，如图8-20所示。

图8-19　拍摄擦拭油渍的镜头

图8-20　拍摄冲洗砧板油渍的镜头

（5）第五组镜头为展示砧板把手特点，共包括2个镜头：第1个镜头，单手握住砧板把手将砧板从桌面上提起来，展示其橡胶边圆润无毛刺的特点，在拍摄时运用固定镜头俯拍把手部位的近景画面，如图8-21所示；第2个镜头，将砧板挂到墙壁的挂钩上，展示其悬挂把手的设计和节约桌面空间的特点，在拍摄时采用跟摇运镜方式平拍近景画面，如图8-22所示。

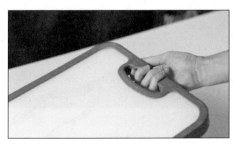

图8-21　拍摄展示砧板把手的镜头

图8-22　拍摄悬挂砧板的镜头

（6）第六组镜头主要展示砧板边角的特点，共包括2个镜头：第1个镜头，用茶壶将茶水倒在砧板上，展示其防溢边、不漏汁的特点，在拍摄时运用固定镜头俯拍近景画面，如图8-23所示；第2个镜头，拿起砧板把手的一侧将砧板从桌面上拿起来，可以看到砧板底下和背面不粘汤汁，展示其边缘隔离汤汁，以及板面不直接接触桌面的特点，在拍摄时运用固定镜头平拍全景画面，如图8-24所示。

图8-23　拍摄往砧板上倒茶水的镜头　　　　图8-24　拍摄从桌面上拿起砧板的镜头

8.2 使用Premiere制作商品视频

下面将介绍如何在Premiere CC 2019中对拍摄的商品视频素材进行剪辑，制作商品视频，主要包括剪辑视频素材、视频调色、制作转场效果、制作分屏效果，以及添加与编辑字幕等。

↘ 8.2.1 剪辑视频素材

利用Premiere对拍摄的商品视频素材进行剪辑，具体操作方法如下。

步骤 01 启动 Premiere 程序，新建项目并导入所需的图片素材、视频素材、音乐素材等。在"项目"面板中使用素材箱对导入的素材进行分类整理，如图 8-25 所示。

视频

剪辑视频素材

步骤 02 选中所有视频素材，在菜单栏中单击"剪辑"|"修改"|"解释素材"命令，弹出"修改剪辑"对话框，在"帧速率"选项区中选中"采用此帧速率"单选按钮，设置帧速率为 30.00fps，如图 8-26 所示。

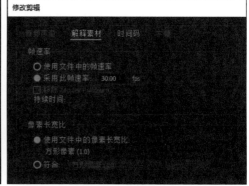

图8-25　整理素材　　　　　　　　　　图8-26　设置帧速率

步骤 03 新建序列，设置"时基""帧大小"等序列参数，如图 8-27 所示，然后单击"确定"按钮。

步骤 04 在"项目"面板中双击"视频 1"素材，在"源"面板中标记剪辑的入点和出点，选择要使用的部分，如图8-28所示，然后按住"仅拖动视频"按钮■将"视频1"剪辑拖到序列中。

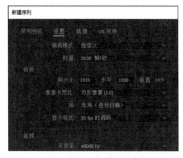

图8-27 新建序列　　　　　　　　　　图8-28 标记剪辑的入点和出点

步骤 05 采用同样的方法，在序列中依次添加其他视频剪辑，如图8-29所示。在序列中选中所有视频剪辑，用鼠标右键单击所选的视频剪辑，选择"设为帧大小"命令，使视频剪辑大小自动适应序列大小。

图8-29 添加其他视频剪辑

步骤 06 添加"视频9"剪辑时需要用到"视频9"素材中的不同部分，在此通过创建子剪辑将"视频9"素材分成若干片段。先在"源"面板中通过标记入点和出点来选择子剪辑的范围，然后用鼠标右键单击视频画面，选择"制作子剪辑"命令，在弹出的对话框中输入子剪辑名称，单击"确定"按钮，如图8-30所示。

步骤 07 采用同样的方法，为"视频9"素材创建其他子剪辑，在"项目"面板中可以看到创建的子剪辑，如图8-31所示。

图8-30 制作子剪辑　　　　　　　　　　图8-31 创建其他子剪辑

步骤 08 将音乐素材添加到 A1 轨道上，在序列中选中"视频 1"剪辑，按【Ctrl+R】组合键打开"剪辑速度 / 持续时间"对话框，设置"速度"为 200%，然后单击"确定"按钮，如图 8-32 所示。

步骤 09 用鼠标右键单击"视频 1"剪辑左上方的 fx 图标，选择"时间重映射"|"速度"命令，然后按住【Ctrl】键的同时在速度控制柄上单击，添加两个速度关键帧，向上拖动两个关键帧之间的速度控制柄进行加速调整，在此将速度调整为 300.00%，如图 8-33 所示。

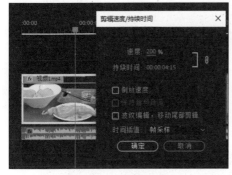

图8-32 设置剪辑速度

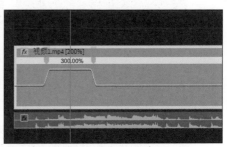

图8-33 调整剪辑速度

步骤 10 按住【Alt】键的同时拖动速度关键帧，调整其位置。拖动速度关键帧，将其拆分为左、右两个部分，拖动两个标记之间的控制柄调整斜坡曲率，使速度变化缓入缓出，如图 8-34 所示。

步骤 11 采用同样的方法，对其他视频剪辑的速度进行调整，如图 8-35 所示。

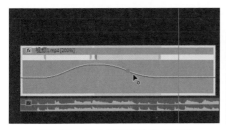

图8-34 拆分并调整速度关键帧

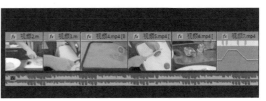

图8-35 调整其他视频剪辑的速度

步骤 12 在序列中选中"视频 1"剪辑，在"效果控件"面板的"运动"效果中设置各项参数，调整画面构图，在此对"缩放"和"位置"参数进行调整，如图 8-36 所示。采用同样的方法，调整其他视频剪辑的画面构图。

步骤 13 将"商品特点"图片素材添加到 V2 轨道上，然后在"效果控件"面板中设置"位置""缩放""不透明度"等参数，在"节目"面板中预览效果，如图 8-37 所示。

步骤 14 为图片添加"粗糙边缘"效果，在"效果控件"面板中设置"边缘锐度"参数为 10.00，设置"不规则影响"参数为 0.00，然后调整"边框"参数，即可将图片变为圆角矩形，如图 8-38 所示。

步骤 15 在"节目"面板中预览图片的圆角效果，如图 8-39 所示。

图8-36 设置"缩放"和"位置"参数

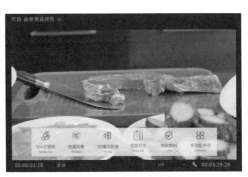

图8-37 添加图片素材

图8-38 设置"粗糙边缘"效果

图8-39 预览图片的圆角效果

步骤 ⑯ 创建调整图层，将其添加到"视频7"剪辑上方，如图 8-40 所示。

步骤 ⑰ 为调整图层添加"变换"效果，在"效果控件"面板中启用"缩放"动画，添加两个关键帧，设置"缩放"参数分别为 100.0、150.0，如图 8-41 所示。

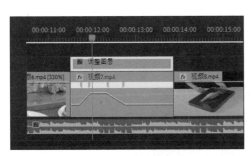

图8-40 创建调整图层

图8-41 编辑"缩放"动画

步骤 ⑱ 在序列中选中"视频8"剪辑，在"效果控件"面板的"运动"效果中编辑"缩放"和"位置"动画，制作画面放大和移动效果，如图 8-42 所示。

步骤 ⑲ 在"项目"面板中双击"视频 9.mp4.安装磨刀器"剪辑，在"源"面板中将播放滑块移至要导出图片的位置，然后单击"导出帧"按钮，在弹出的对话框中设置保存路径，输入名称"磨刀器"，单击"确定"按钮，如图 8-43 所示。

图8-42 编辑"缩放"和"位置"动画　　　　　图8-43 设置导出帧

步骤 20 在序列中将"磨刀器"图片素材插入"视频 9.mp4.安装磨刀器"剪辑的右侧，如图 8-44 所示。

步骤 21 在"效果控件"面板中对"磨刀器"图片剪辑的构图进行调整，在"节目"面板中预览图片效果，如图 8-45 所示。

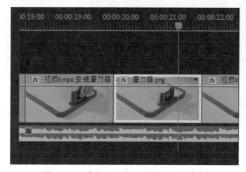

图8-44 插入"磨刀器"图片素材　　　　　图8-45 预览图片效果

↘ 8.2.2 视频调色

下面使用"Lumetri颜色"工具对商品视频进行调色，具体操作方法如下。

步骤 01 在序列中选中"视频 1"剪辑，打开"Lumetri 颜色"面板，在"基本校正"的"白平衡"选项中调整"色彩"为 −7.0，在"色调"选项中调整"对比度""高光""阴影""白色"等参数，如图 8-46 所示。

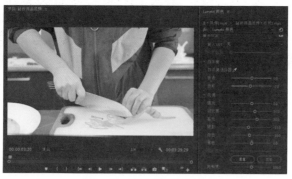

视频

视频调色

图8-46 颜色基本校正

步骤 **02** 展开"RGB 曲线"选项，单击"亮度"曲线按钮⚫，添加两个控制点，调整曲线，增加画面的对比度，如图 8-47 所示。

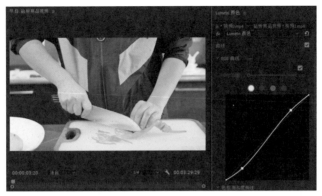

图8-47　调整"亮度"曲线

步骤 **03** 展开"色轮和匹配"选项，降低中间调亮度并将颜色向橙色调整，提高高光亮度并将颜色向蓝色调整，降低阴影的亮度，如图 8-48 所示。

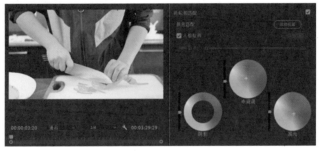

图8-48　调整色轮

步骤 **04** 在"效果控件"面板中选中"Lumetri 颜色"效果，按【Ctrl+C】组合键复制该效果，如图 8-49 所示。

步骤 **05** 在序列中选中其他视频剪辑，按【Ctrl+V】组合键将调色效果粘贴到其他视频剪辑中，如图 8-50 所示。

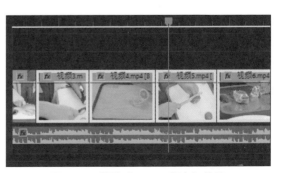

图8-49　复制"Lumetri颜色"效果　　图8-50　粘贴"Lumetri颜色"效果

步骤 **06** 在"节目"面板中预览视频调色效果，对需要重新调色的视频剪辑进行参数调整。在序列中选中"视频4"剪辑，在"Lumetri 颜色"面板中重新调整"色调"参数，如图 8-51 所示。

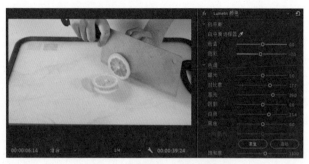

图8-51 调整"色调"参数

步骤 **07** 展示砧板磨刀器部分的视频剪辑也需要重新进行调色，在"Lumetri 颜色"面板中分别调整"白平衡"和"色调"参数，如图 8-52 所示。按照前面介绍的方法，将"Lumetri 颜色"效果粘贴到其他展示砧板磨刀器的视频剪辑中。

图8-52 调整"白平衡"和"色调"参数

↘ 8.2.3 制作转场效果

下面使用调整图层和"变换"效果制作缩放转场效果，使前一个视频剪辑动感放大出场，后一个视频剪辑动感缩小入场，具体操作方法如下。

视频

制作转场效果

步骤 **01** 在序列中将"商品特点"图片移至V3轨道上，在V2轨道"视频1"和"视频2"剪辑转场位置的上方添加两个调整图层，然后选中左侧的调整图层，如图 8-53 所示。

步骤 **02** 为调整图层添加"变换"效果，在"效果控件"面板中启用"缩放"动画，添加两个关键帧，设置"缩放"参数分别为100.0、300.0，如图 8-54 所示。

步骤 **03** 展开"缩放"属性，调整关键帧贝塞尔曲线，使缩放动画变化先慢后快，如图 8-55 所示。

步骤 **04** 采用同样的方法，为"视频2"剪辑上方的调整图层添加"变换"效果，启用"缩放"动画，添加2个关键帧，设置"缩放"参数分别为300.0、100.0，调整贝塞尔曲线，如图 8-56 所示。在其他需要该转场效果的位置，将这两个调整图层复制到相应视频剪辑的上层轨道即可。

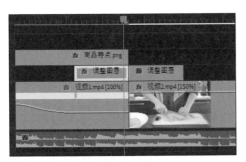

图8-53　添加调整图层

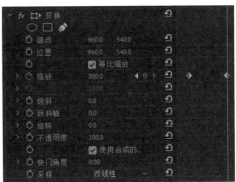

图8-54　编辑"缩放"动画1

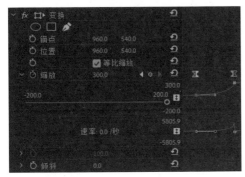

图8-55　调整关键帧贝塞尔曲线

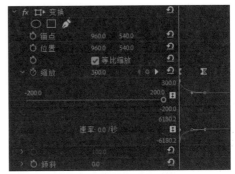

图8-56　编辑"缩放"动画2

8.2.4　制作分屏效果

下面制作分屏效果，将三个不同刀具磨刀的画面展示在同一画布上，具体操作方法如下。

视频

制作分屏效果

步骤 01 将"三分屏参考线"素材添加到V2轨道上，并将其移至要分屏的三个视频剪辑的上方，如图8-57所示。

步骤 02 在序列中用鼠标右键单击"三分屏参考线"剪辑，选择"设为帧大小"命令。在"效果控件"面板中设置该剪辑的不透明度为40.0%，在"节目"面板中预览画面效果，如图8-58所示。

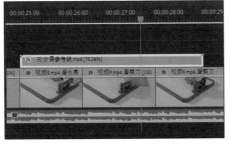

图8-57　添加"三分屏参考线"素材

图8-58　预览画面效果1

步骤 03 在序列中选中"视频 9.mp4. 磨水果刀"剪辑，在"效果控件"面板中调整该剪辑的位置，使其主体部分位于三分屏左侧一屏，在"节目"面板中预览画面效果，如图 8-59 所示。

步骤 04 为"视频 9.mp4. 磨水果刀"剪辑添加"裁剪"效果，在"效果控件"面板中调整"右侧"参数，对剪辑的右侧画面进行裁剪，如图 8-60 所示。

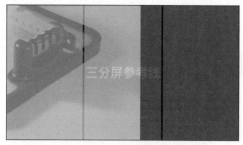

图8-59 调整剪辑位置并预览画面效果

图8-60 设置"裁剪"效果

步骤 05 在"节目"面板中预览"视频 9.mp4. 磨水果刀"剪辑裁剪后的画面效果，如图 8-61 所示。

步骤 06 采用同样的方法，对"视频 9.mp4. 磨菜刀"剪辑进行分屏设置，在"节目"面板中预览画面效果，如图 8-62 所示。

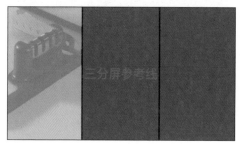

图8-61 预览画面效果2

图8-62 预览画面效果3

步骤 07 采用同样的方法，对"视频 9.mp4. 磨剪刀"剪辑进行分屏设置，在"节目"面板中预览画面效果，如图 8-63 所示。

步骤 08 在序列中删除"分屏参考线"剪辑，调整三个分屏剪辑的位置，使其进行叠加，如图 8-64 所示。

图8-63 预览画面效果4

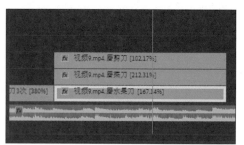

图8-64 调整三个分屏剪辑的位置

步骤 **09** 在"节目"面板中预览三分屏剪辑效果，并根据需要在"效果控件"面板中调整各视频剪辑的 y 坐标参数，使画面中磨刀器斜向排列，如图 8-65 所示。

步骤 **10** 在序列中选中三分屏左侧的视频剪辑，为其添加"变换"效果，在"效果控件"面板中编辑"位置"动画，使画面从上向下移入画布。取消选择"使用合成的快门角度"复选框，设置"快门角度"为 360.00，增加运动模糊效果，如图 8-66 所示。

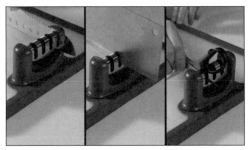
图8-65 预览三分屏剪辑效果

图8-66 设置"变换"效果

步骤 **11** 采用同样的方法，为三分屏中其他两个视频剪辑添加"变换"效果，在"节目"面板中预览三分屏剪辑入场动画效果，如图 8-67 所示。

步骤 **12** 在序列中选中三个分屏剪辑，然后用鼠标右键单击所选的分屏剪辑，选择"嵌套"命令，在弹出的对话框中输入名称，单击"确定"按钮，即可创建嵌套序列，如图 8-68 所示。

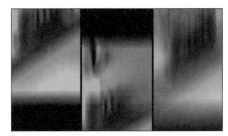
图8-67 预览三分屏剪辑入场动画效果

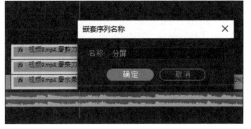
图8-68 创建嵌套序列

↘ 8.2.5 添加与编辑字幕

下面讲解在商品视频中添加字幕，包括添加标题字幕、功能性描述字幕和标注字幕，并为字幕制作相应的动画效果。

1. 添加字幕并编辑动画

下面在视频中添加标题字幕和商品特点描述性字幕，具体操作方法如下。

步骤 **01** 使用文字工具在第一个视频剪辑画面中输入商品标题文字，并设置文本格式，效果如图 8-69 所示。

步骤 **02** 为商品标题文字添加"粗糙边缘"效果，在"效果控件"面板中启用"边框"动画，添加 2 个关键帧，设置"边框"参数分别为 200.00、0.00，如图 8-70 所示。

视频

添加字幕并编辑动画

图8-69 输入标题文字并设置文本格式　　　图8-70 设置"粗糙边缘"效果

步骤 **03** 在"视频2"剪辑画面中输入文字，在"基本图形"面板中设置文本样式。单击"新建图层"按钮■，在弹出的列表中选择"矩形"选项，新建形状图层，如图8-71所示。

步骤 **04** 将形状图层移至文本图层的下方，在"基本图形"面板中设置形状透明度、填充颜色等参数，如图8-72所示。

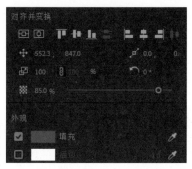

图8-71 新建形状图层　　　图8-72 设置形状透明度、填充颜色等参数

步骤 **05** 在"节目"面板中调整"形状01"图层的位置和大小，如图8-73所示。

步骤 **06** 在"基本图形"面板中选中"形状01"图层，在"固定到"下拉列表框中选择文本对象，在右侧方位锁的中间位置单击固定四个边，如图8-74所示。

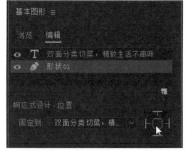

图8-73 调整形状位置和大小　　　图8-74 固定"形状01"图层

步骤 **07** 为文本添加"裁剪"效果，在"效果控件"面板中启用"左侧"动画，添加2个关键帧，设置"左侧"参数分别为50.0%、0.0%，并设置关键帧缓入缓出。采用同样的

方法启用"右侧"动画并设置"羽化边缘"参数为50，如图8-75所示。

步骤 **08** 在"节目"面板中预览文本动画效果，如图8-76所示。

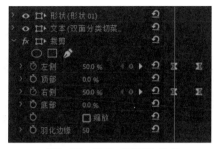

图8-75 设置"裁剪"效果　　　　　　　　图8-76 预览文本动画效果

步骤 **09** 在文本的结束位置编辑"不透明度"动画，使文本淡出。在"效果控件"面板中调整文本开场持续时间，使其包括开场的关键帧动画，然后用同样的方法调整文本结尾持续时间，避免在裁剪文本剪辑长度时将开场和结尾的动画裁掉，如图8-77所示。

步骤 **10** 在序列中按住【Alt】键的同时向右拖动文本剪辑进行复制，然后根据需要修改文字，以制作其他字幕，如图8-78所示。

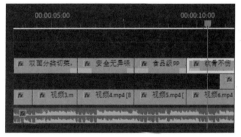

图8-77 调整文本开场和结尾持续时间　　　　图8-78 复制并编辑文本剪辑

步骤 **11** 在"节目"面板中预览添加的字幕效果，如图8-79所示。

步骤 **12** 创建白色的颜色遮罩剪辑，并将其添加到"视频6"剪辑的右侧，然后在V2轨道上添加文本剪辑，如图8-80所示。

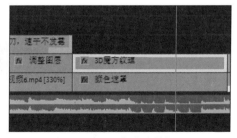

图8-79 预览字幕效果　　　　　　　　图8-80 添加文本剪辑

步骤 **13** 设置文本样式，在"节目"面板中预览文本效果，如图8-81所示。

步骤 **14** 为文本剪辑添加"基本3D"效果，在"效果控件"面板中启用"基本3D"效果中的"旋转"动画，添加2个关键帧，设置"旋转"参数分别为0.0°和360.0°；

启用"与图像的距离"动画，添加2个关键帧，设置参数分别为 –60.0 和 0.0，为文本制作 3D 入场动画，如图 8-82 所示。

图8-81　预览文本效果

图8-82　为文本制作3D入场动画

2. 使用旧版标题制作标注字幕

下面使用旧版标题制作标注字幕，并添加字幕动画，具体操作方法如下。

步骤 01 在菜单栏中单击"文件"|"新建"|"旧版标题"命令，如图 8-83 所示。

步骤 02 弹出"新建字幕"对话框，输入名称"精磨"，然后单击"确定"按钮，如图 8-84 所示。

视频

使用旧版标题
制作标注字幕

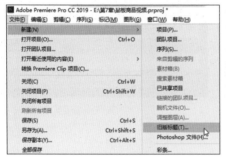

图8-83　单击"旧版标题"命令

图8-84　"新建字幕"对话框

步骤 03 打开旧版标题字幕设计器，使用文字工具和形状工具为磨刀器上的"精磨位"制作标注，如图 8-85 所示。

图8-85　制作"精磨位"标注

步骤 04 在画面中单击鼠标右键，选择"图形"|"插入图形"命令，在弹出的对话框中选择要插入的图片，将"标注03"图片插入字幕中，调整图片大小，并在"属性"面板中设置描边样式，如图8-86所示。

图8-86 插入图片并设置描边样式

步骤 05 在旧版标题字幕设计器左上方单击"基于当前字幕新建字幕"按钮 ，分别创建"细磨"和"粗磨"字幕，并分别制作标注。将标注字幕添加到序列中，并叠加在"磨刀器"图片剪辑的上方，如图8-87所示。

步骤 06 在"节目"面板中预览标注字幕效果，如图8-88所示。

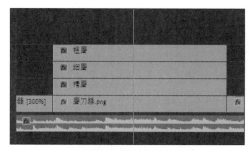

图8-87 添加标注字幕

图8-88 预览标注字幕效果

步骤 07 在序列中选中"精磨"字幕，在"效果控件"面板的"不透明度"效果中单击"创建4点多边形蒙版"按钮 创建蒙版，如图8-89所示。

步骤 08 在"节目"面板中调整蒙版路径，使其框住标注部分，如图8-90所示。

图8-89 创建蒙版

图8-90 调整蒙版路径

步骤 09 在文本蒙版中启用"蒙版路径"动画，添加2个关键帧，将播放滑块移至第1个关键帧位置，如图8-91所示。

步骤 10 在"节目"面板中调整蒙版路径，将蒙版左侧的两个控制点向右移动，以隐藏标注，此时即可制作标注从右向左逐渐显示的动画效果，如图8-92所示。采用同样的方法，为其他两个标注字幕制作逐渐显示的动画效果。

图8-91 启用"蒙版路径"动画　　　　图8-92 制作逐渐显示的动画效果

步骤 11 在序列中选中字幕和图片剪辑，然后用鼠标右键单击所选的剪辑，选择"嵌套"命令，在弹出的对话框中输入名称，单击"确定"按钮，即可创建嵌套序列，如图8-93所示。

步骤 12 双击嵌套序列将其打开，修剪各剪辑的长度和开始位置，使标注字幕逐个显示，如图8-94所示。

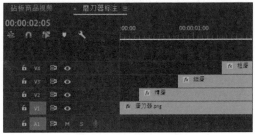

图8-93 创建嵌套序列　　　　　　　图8-94 编辑嵌套序列

步骤 13 在嵌套序列的开始和结束位置添加"交叉溶解"转场效果，如图8-95所示。

步骤 14 在"效果控件"面板中为嵌套序列编辑"缩放"动画，以制作画面放大动画效果，如图8-96所示。

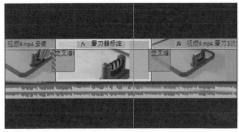

图8-95 添加"交叉溶解"转场效果　　　图8-96 编辑"缩放"动画

课后实训：制作小家电商品主图视频

1. 实训目标

制作小电器商品主图视频。

2. 实训内容

打开"课后实训"文件夹中提供的视频素材，预览各视频素材内容，厘清剪辑思路，使用Premiere制作一条小家电商品主图视频。

3. 实训步骤

（1）导入素材并创建序列

在Premiere中新建项目，然后将所有视频素材、音频素材导入项目中，然后新建序列，并自定义序列设置。

（2）粗剪视频

将视频素材和音频素材添加到序列中，对视频剪辑进行修剪、调整视频剪辑的速度，然后对画面构图进行调整，完成视频的粗剪。

（3）添加视频效果

使用时间重映射功能制作视频变速效果，使用"高斯模糊"效果消除视频背景中的褶皱。

（4）视频调色

使用"Lumetri颜色"工具校正视频画面的颜色，并对视频进行风格化调色。

（5）编辑音频与字幕

调整背景音乐音量，为视频剪辑添加同期声音效。然后在视频中添加必要的字幕，对商品的功能和特点进行简要描述，最后导出视频。

（6）实训评价

进行小组自评和互评，撰写个人心得和总结，最后由教师进行评价和指导。

课后思考

1. 简述商品视频的拍摄流程。
2. 简述商品视频的构图要素与构图法则。

第 9 章　创作实战：直播视频拍摄与制作

【知识目标】

- 了解直播设备配置、直播间搭建及直播人员分配。
- 掌握使用手机拍摄直播视频的方法。
- 掌握使用Premiere制作直播视频的方法。

【能力目标】

- 能够搭建直播间并做好直播人员分配。
- 能够使用手机拍摄直播视频。
- 能够使用Premiere制作直播精彩片段和下期直播预告。

【素养目标】

- 遵守国家相关法律法规，提升直播合规意识。
- 培养创新思维，提升直播技能，推动直播行业发展。

　　当前，网络直播正在迅猛发展，直播行业已经成为新媒体时代的创业新风口，各行各业都争相入驻直播行业。直播视频能够实时传输到网络上，随时随地供用户观看，能够更好地宣传并推广品牌。本章将引领读者了解拍摄直播视频需要做哪些前期准备，并掌握使用手机拍摄直播视频、使用Premiere制作直播视频的方法和技巧。

9.1 直播视频拍摄准备

"工欲善其事，必先利其器"，优质的直播效果离不开专业软硬件设备的支持。在直播之前，主播需要优选直播设备，并将其调试至最佳状态。

9.1.1 配置直播设备

直播视频的拍摄离不开直播设备的支持，直播设备的性能直接影响着直播内容的输出和直播效果，从而影响用户的视觉和听觉感受。直播团队要想带给用户良好的观看体验，需要本着实用、好用的原则择优配置直播设备。

1. 手机

主播在手机中安装直播软件后，通过手机摄像头即可进行直播。用于直播的手机，CPU和摄像头配置都要高，CPU的运行内存应不低于4GB，摄像头不低于1200万像素，最好选择中高端配置的苹果或安卓手机，只有CPU性能足够强，才能满足直播过程中的高编码要求，也能解决直播软件的兼容性问题。

在直播过程中，主播可以借助PC端或另外一部手机查看直播间评论，与用户进行互动。若要直播PC端屏幕上的内容，如直播PPT课件，可以使用OBS视频录制直播软件；若要直播手机屏幕上的内容，则可以在PC端上安装手机投屏软件，然后通过PC端直播手机屏幕上的内容。

2. 支架

支架用来放置摄像头、手机或话筒，它既能解放主播的双手，还能保证直播拍摄效果和画面稳定，提升用户的观看体验。支架的类型有很多，用于直播的主要有自拍杆式支架和三脚架式支架。

● 自拍杆式支架。自拍杆式支架是一种能进行三脚固定的自拍杆，利用自拍杆式支架底部的脚架固定手机，然后使用自拍杆式支架的遥控器操作手机。这种自拍杆支架既可以伸缩使用，也可以三脚固定使用，如图9-1所示。

● 三脚架式支架。这种支架是一种能够固定手机的三脚架，能够更换顶部的支架型号，还支持固定话筒、平板电脑、摄像机等设备。多机位三脚架式支架能够装备多个设备或手机，有些还带环形补光灯，可用于多台手机的多机位视频直播，如图9-2所示。

图9-1 自拍杆式支架

图9-2 三脚架式支架

3. 话筒

除了视频画面，直播时的音质也直接影响着直播的质量，所以话筒的选择也非常重要。目前，话筒主要分为动圈话筒和电容话筒两种。

（1）动圈话筒

动圈话筒（见图9-3）最大的特点是声音清晰，能够将高音最为真实地进行还原。动圈话筒又分为无线动圈话筒和有线动圈话筒，目前大多数的无线动圈话筒都支持苹果及安卓系统。但是动圈话筒的不足之处在于其收集声音的饱满度较差。

（2）电容话筒

电容话筒（见图9-4）的收音能力极强，音效饱满、圆润，让人听起来非常舒服，不会产生高音尖锐带来的突兀感。如果直播唱歌，就应该配置一个电容话筒。由于电容话筒的敏感性非常强，容易出现"喷麦"的情况，所以在使用时可以给其装上防喷罩。电容话筒比较适用于手机直播，主播在选择购买时可以购买配套的话筒支架、独立声卡等。

4. 声卡

声卡是主播在直播时使用的专业收音和声音增强设备，如图9-5所示。一台声卡可以连接4个设备，分别是话筒、伴奏用手机或平板电脑、直播用手机和耳机。

图9-3 动圈话筒

图9-4 电容话筒

图9-5 声卡

5. 耳机

耳机可以让主播在直播时监听自己的声音，从而更好地控制音调、分辨伴奏等。一般来说，入耳式耳机和头戴式耳机比较常见，如图9-6、图9-7所示。

入耳式耳机比较小巧美观，多数主播在直播时会选择使用这种耳机。需要注意的是，使用入耳式耳机进行直播时，音量不宜太大，否则使用耳机时间过长可能会影响听力。另外，主播在直播时也可使用蓝牙无线耳机，如图9-8所示。蓝牙无线耳机使用起来更加便利，但其稳定性、接收效果一般没有有线耳机好，主播可以根据自己的直播需求来选择。

图9-6 入耳式耳机

图9-7 头戴式耳机

图9-8 蓝牙无线耳机

6. 补光灯

补光灯用于在光线不足的情况下为直播提供辅助光线，以得到较好的光线效果。补光灯大多使用LED灯，具有发光效率高、寿命长、抗震能力强、节能环保等优点。补光灯通常使用脚架来固定位置，或者直接安装在手机上，以便随时为主播补充光线。

直播中常用的补光灯主要包括柔光箱/球（见图9-9）与环形灯（见图9-10）两种类型。室内直播需要补充自然光时，可以优先选择柔光箱/球来模拟太阳光对主播进行补光。如果要拍摄人脸近景或特写，或者需要在晚上拍摄，可以选择环形灯，以改善人物的肤色瑕疵，起到美颜的作用。

图9-9　柔光箱/球　　　　　　　图9-10　环形灯

↘ 9.1.2　搭建直播间

一个令人赏心悦目的直播间，往往能够快速吸引用户的观看兴趣。搭建直播间主要从直播间的场景布置和灯光布置两个方面来阐述。

1. 场景布置

虽然直播间的场景布置并没有统一的硬性标准，主播可以根据自己的喜好来设计与布置，但总体上应遵守以下基本要求。

（1）干净、整洁

大部分主播不会准备专门的直播间，而是选择在家中，如客厅、书房、厨房、卧室等进行直播。无论选择何处作为直播间，首先要保证直播间干净、整洁，一个脏乱的直播间会让很多人的好感瞬间消失。因此，在开播之前，首先要将直播间整理干净，各种物品要摆放整齐，营造一个干净、整洁的直播环境。

（2）风格统一

在布置直播间前，主播要从直播的内容入手，先明确这个直播间是作为展示才艺的直播间，还是作为电商带货的直播间，然后根据直播内容来定位直播间的整体风格，使直播间的场景布置与直播内容协调统一。

例如，对于爱好音乐、脱口秀，装扮甜美、可爱的泛娱乐女主播来说，在布置直播间时可以采用小清新风格，给人一种温暖、浪漫、甜美的感觉，如图9-11所示；而对于电商带货类直播来说，直播间则要突出营销的属性，可以使用要销售的商品来装饰直播间，如图9-12所示。

图9-11　泛娱乐类直播间　　　　图9-12　电商带货类直播间

（3）与主播格调一致

这里所说的主播格调指的是主播的妆容、服装风格等。如果直播间的环境布置能够与主播的妆容、服装风格保持一致，就能让直播画面在整体上看起来和谐统一，给用户一种浑然一体的感觉，如图9-13所示。

（4）利用配饰

一些别具一格的配饰可以增加直播间的活力，同时也可以让用户对主播有更多的了解，找到更多的话题。例如，主播可以在置物架上放上一些自己喜欢的书籍、玩偶、摆件等，如图9-14所示。这样不仅能够增加直播间的活力，还能突出主播的品位和个性特征。在摆放配饰时，要合理安排配饰摆放的位置，切勿让直播间显得过于杂乱。

图9-13　与主播格调一致的直播间　　　图9-14　利用配饰装扮直播间

（5）注意空间距离

如果想节约直播间装修成本，或者直播间装修达不到心理需求，这时可以尝试使用背景布，如图9-15所示。质量上乘的背景布配上合适的灯光，能够产生很好的立体效果，让直播间环境达到以假乱真的程度。需要注意的是，在直播间内使用背景布时，背景布与主播之间的距离要合适，若距离太近，会让人感觉背景对主播有一种压迫感；若距离太远，又会让背景显得不真实。

图9-15　背景布

2. 灯光布置

在直播间的环境布置中，除了对直播间的背景、物品摆放有一定的要求外，直播间的灯光布置也非常重要，因为灯光不仅可以营造氛围，塑造视频画面风格，还能起到为主播美颜的作用。

按照灯光的造型作用来划分，可以将直播间内用到的灯光分为主光、辅助光、轮廓光、顶光和背景光。不同的灯光采用不同的摆放方式，其创造出来的效果也不同。

（1）主光

在直播视频中，主光是主导光源，它决定着视频画面的主调。同时，主光是照射主播外貌和形态的主要光线，是灯光美颜的第一步，可以让主播的面部均匀受光。因此，在进行直播间灯光布置时，只有确定了主光，才有必要添加辅助光、顶光、背景光和轮廓光等。

主光应该正对着主播的面部，如图9-16所示。这样会使主播面部的光线充足、均匀，并使面部肌肤柔和、白皙。主光的灯位高度可以在主播的鼻子下方制造出对称的阴影，而不会在上嘴唇或者眼窝处制造太多的阴影。但是，由于主光是正面光源，会使主播的脸上没有阴影，让视频画面看上去比较平板、缺乏立体感。

（2）辅助光

辅助光是从主播侧面照射过来的光，对主光能够起到一定的辅助作用。使用辅助光能够增加主播整体形象的立体感，让主播的侧面轮廓更加突出。例如，从主播左前方45°方向照射过来的辅助光可以使主播的面部轮廓产生阴影，从而突出主播面部轮廓的立体感，如图9-17所示；从主播右后方45°方向照射过来的辅助光可以增强主播右后方轮廓的亮度，并与主播左前方方向的灯光形成反差，提高主播整体形象的立体感。

辅助光要放在距离主播两边较远的位置，让主播五官更立体的同时也能照亮周围大环境的阴影。它距主播比主光更远，所以只是照亮阴影而不是完全消除阴影。在调试辅助光时需要注意光线亮度的调节，避免因某一侧的光线太亮而导致主播某些地方曝光过度，而其他地方光线太暗。

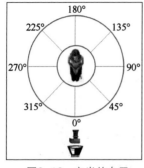

图9-16 主光的布置

图9-17 辅助光的布置

（3）轮廓光

轮廓光，又称逆光，在主播的身后放置，形成逆光效果，如图9-18所示。轮廓光能够清晰地勾勒出主播的轮廓，将其从直播间的背景中分离出来，从而使主播的主体形象更加突出。

轮廓光具有很强的装饰作用，它能在主播的周边形成一条亮边，为主播"镶嵌"一个光环，形成视觉上的美感效果。在布置轮廓光时，要注意调节光线的强度，如果轮廓光的光线过亮，就会让主播前方的画面显得昏暗。

（4）顶光

顶光是次于主光的光源，从主播的头顶位置进行照射，给背景和地面增加照明，能够让主播的颧骨、下巴、鼻子等部位的阴影拉长，让主播的面部产生浓重的投影感，有利于塑造主播的轮廓造型，同时能够强化主播的瘦脸效果。顶光距离主播的头顶最好在两米以内，如图9-19所示。

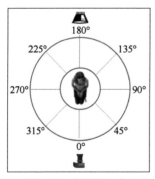

图9-18 轮廓光的布置

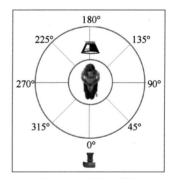

图9-19 顶光的布置

（5）背景光

背景光，又称环境光，是主播周围环境及背景的照明光线，其主要作用是烘托主播或渲染气氛，可以使直播间的亮度和谐统一。由于背景光最终呈现的是均匀的灯光效果，所以在布置背景光时要采取低亮度、多光源的方法，如图9-20所示。

图9-20 背景光的布置

↘ 9.1.3 做好直播人员分配

为了提升工作效率，达到更好地直播效果，组建直播团队时做好直播人员分配非常重要。一个完整的直播团队主要包括主播、副播、运营策划、场控、客服等人员。团队负责人对直播人员应按其职责进行合理分配。

1. 主播

主播可以说是直播间的主角，是直面用户的第一人，是决定直播间流量转化的关键。主播要有良好的语言表达能力和出色的肢体语言表现能力，具备控场的能力和强大的号召力与感染力，能够吸引用户的注意力并激发用户的购买欲望。此外，还要有强大的抗压能力和积极的工作态度，无论直播间的用户数据如何都能控制好心态。

主播的工作职责主要包括以下几点。

● 熟悉直播脚本与话术，牢记商品的特性与卖点、活动、粉丝福利等。
● 活跃直播间气氛，积极与粉丝互动。
● 做好才艺展示及商品的介绍、销售等工作。
● 掌控直播节奏，注意个人形象和直播表现。
● 及时复盘，总结经验，调整状态，提升直播能力。

2. 副播

副播通常作为主播的助手，配合主播完成直播工作，同样需要具备良好的表现力和较强的情绪张力，可以引导用户停留互动，加入粉丝团。副播也需要有较快的反应能力，有丰富的直播经验，可以在主播短暂离席时补位，也可以及时应对直播间出现的不利情况。副播还需要承担帮助主播切换商品、展示商品细节等工作，以保障直播的流畅进行。

3. 运营策划

运营策划岗位的人员首先要有统筹全局的组织和管理能力，可以对外组织协调供应链，进行招商，对内把控主播、副播等直播人员的稳定配合。

在商品方面，运营策划人员要具有选品能力，可以凭借经验或通过数据分析来选择适合的商品。运营策划人员还要懂推广引流，如短视频引流。总之，运营策划人员是直播团队中的指挥官。

4. 场控

场控应具备直播间运营的经验，熟悉平台规则和商品品类，了解行业的变化趋势，主导或者参与直播玩法的创新和测试。这就需要场控具备一定的数据分析能力，了解直播间打法的底层原理和创新方向。

场控主要负责执行直播策划方案，相当于直播过程中的"现场导演"，调动直播间的各个岗位紧密配合，营造有利于销售转化的氛围。

场控的工作职责主要包括设备调试、软件设置、后台操作、数据监控、指令接收和发送等。例如，场控要在直播前调试直播软件，在直播过程中运营直播后台，控制直播节奏，配合主播来修改商品价格、抽奖、发放优惠券、增减库存等。

5. 客服

在直播中，客服人员起着承接的作用，一方面辅助主播的工作，另一方面负责商品售后，需要耐心、细致地解答用户的问题，其岗位职责如下。

● *熟悉商品信息，洞悉用户需求，能够向用户描述商品的卖点和优势。*

● *热情、高效、准确地答复用户提出的各类商品问题，塑造专业形象。*

● *及时、准确地进行商品备注，避免出现发错货或没发货的情况。*

主播可以根据实际情况组建直播团队。一般标准的直播团队人数基本为5~7人，其人员构成及职能分工如表9-1所示。

表9-1　标准的直播团队人员构成及职能分工

人员构成	职能分工
主播 （1人）	熟悉商品信息和直播活动脚本，进行商品讲解和销售，控制直播节奏，及时复盘
副播 （1人）	协助主播介绍商品和直播间的福利活动；试穿或试用商品；主播暂时离开时临时替补，保证直播不冷场
运营策划 （1~2人）	分解直播营销任务，规划直播商品品类、上架顺序、陈列方式，分析直播数据；策划直播间优惠活动，设计直播间粉丝分层规则和粉丝福利，策划直播平台排位赛活动，策划直播间引流方案；撰写直播活动脚本，设计直播话术，搭建并设计直播间场景，筹备直播道具等
场控 （1人）	调试直播设备和直播软件，保障直播视觉效果，上架商品链接，配合主播发放优惠券
客服 （1~2人）	配合主播在线与用户互动、答疑；修改商品价格，上架优惠链接，促进订单转化，解决发货、售后等问题

9.2 使用手机拍摄直播视频

使用手机拍摄直播视频时，要选择直播角度方向，确定直播画面景别，并注意直播构图要素。

↘ 9.2.1 选择直播角度方向

在直播过程中，主播能否找到合适的拍摄角度，使自己更上镜，是影响直播画面效果的重要因素之一。拍摄角度是指手机镜头与被摄主体水平之间形成的夹角。拍摄角度包括拍摄高度、拍摄方向和拍摄距离三方面。对于网络直播来说，所用到的拍摄角度主要有拍摄高度和拍摄方向，下面将分别对其进行介绍。

1. 拍摄高度

拍摄高度是指手机镜头与被摄主体在垂直平面上的相对位置或相对高度，分为俯拍、平拍和仰拍三种。

（1）俯拍

俯拍是一种从上往下、由高到低的拍摄角度，手机镜头高于被摄主体。俯拍容易使被摄主体呈现一种被压抑感，使用户产生一种居高临下的视觉心理。

在直播视频中，主播可以采取45°俯拍角度来进行拍摄，即手机镜头与主播正面形成45°夹角，从上往下拍摄，这样可以使主播的脸部显得比较小。但是，这种拍摄角度会显得主播比较矮，所以主播选择45°俯拍角度时可以把下半身隐藏起来，这样拍摄出来的画面效果会更好。

（2）平拍

平拍是指手机镜头与被摄主体处于同一水平线的拍摄角度。采取这种拍摄角度形成的视觉效果与日常生活中人们观察事物的正常情况相似，镜头中的被摄主体不易变形，画面也更加稳定。但是在直播视频中，这种拍摄角度会让主播的脸部显得偏大，五官显得没有立体感，需要采取一些手段来减少这种负面效应，如打侧光、侧脸拍摄等。

（3）仰拍

仰拍是指手机镜头低于被摄主体，从下向上拍摄。仰拍可以让镜头中的被摄主体显得高大、威严，让用户产生一种压抑感或者崇敬感。

2. 拍摄方向

以被摄主体为中心，手机镜头在同一水平面上围绕被摄主体四周选择拍摄点，可以从不同的拍摄方向进行拍摄。在实际拍摄中，拍摄方向通常可以分为正面方向拍摄、斜侧方向拍摄、正侧方向拍摄和背面方向拍摄，其中斜侧方向拍摄又分为前侧方向拍摄和后侧方向拍摄，如图9-21所示。

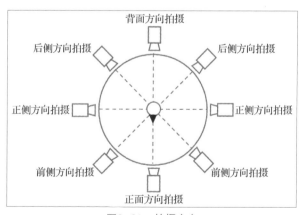

图9-21　拍摄方向

（1）正面方向拍摄

正面方向拍摄是指手机镜头在被摄主体的正前方进行拍摄，这种拍摄方向有利于表现被摄主体的正面特征。在直播视频中，大多采取正面方向拍摄，这样可以让用户看到主播完整的脸部特征和表情动作，也有利于主播与用户进行面对面的交流，使用户产生参与感。

（2）斜侧方向拍摄

斜侧方向拍摄是指手机镜头在被摄主体正面、背面和正侧面以外的任意一个水平方向进行拍摄。斜侧方向拍摄有利于展现被摄主体的形体透视变化，使直播画面活泼、生动，形成较强的纵深感和立体感。

（3）正侧方向拍摄

正侧方向拍摄是指手机镜头在与被摄主体正面方向呈90°角的位置上进行拍摄，即通常所说的正左方和正右方。正侧方向拍摄有利于表现被摄主体侧面轮廓的特征。从正侧方向拍摄人物，能够让用户看清人物相貌的外部轮廓特征，使人物形象富于变化。

（4）背面方向拍摄

背面方向拍摄是指手机镜头在被摄主体的正后方进行拍摄。这种拍摄方向能够使直播画面所表现的视线方向与被摄主体的视线方向一致，也就是说，采用背面方向拍摄，主播所看到的空间和景物也是用户所看到的空间和景物，能够给用户带来强烈的参与感。

↘ 9.2.2 确定直播画面景别

选择直播画面的景别特别重要，如果景深不够、景别不合理，会让用户看得很压抑，影响用户的视觉感受。确定直播画面景别涉及主播的站位和摄像机的机位。

主播在直播时，不能靠墙壁太近，否则容易给人造成压抑感，离墙壁距离应在1.5米以上。需要注意直播视频取景框的裁切线，要避免在人的关节处（如脚踝、膝盖、手肘、脖子等）裁切，否则容易造成用户的视觉不适感。正确的裁切位置应该在膝盖下、大腿、腰部、上臂等，同时注意主播的头部上方要预留一定的空间。

无论是拍全身还是拍半身，主播占据直播画面的面积不能太大，以2/3为宜。如果是带货直播，应考虑在1/2～2/3之间。

选择手机镜头机位时，如果是展示主播全身，手机镜头的高度应选在主播的腰部水平线的位置。如果是展示半身，手机镜头应在主播胸部到额头的水平高度。如果手机镜头过低，就会影响主播的面容形象。因此，直播应根据现场的直播场景合理调整手机镜头的高度。

根据直播画面景别不同，直播间的展示类型可分为工厂/仓库直播、主播不出镜直播、坐姿半身直播、站姿半身直播和站姿全身直播。

不同的直播间展示类型适合销售不同的商品，如表9-2所示。

表9-2　直播间展示类型

直播间展示类型	适用行业	特点
工厂/仓库直播	日化、食品饮料、花卉植物等	以工厂、产地等为背景，表明商品是从工厂直销的
主播不出镜直播	珠宝首饰等小配件	便于运用特写镜头展示小商品的质感与细节
坐姿半身直播	日化母婴、食品、饮料，美妆个护等	便于展示商品及主播体验商品的过程和效果
站姿半身直播	家纺、服装等	便于展示商品的使用场景，如床品的使用场景
站姿全身直播	服装鞋包、汽车、家电等	能完整展示主播全身效果及商品的整体效果

直播间展示的画面景别不同，对商品摆放的要求也有所不同。

（1）近景展示

●近景拍摄，如果展台台面较低，可用透明展台或盒子垫高商品。

●要注意商品摆放应两边高、中间低，避免遮挡主播。

●手机镜头尽可能保持平视，避免俯视角度效果不佳。

●巧用不同材质或颜色的置物架和小道具，营造销售氛围。

（2）中、远景展示

中、远景拍摄直播视频时，展台台面展示空间更大，可摆放的商品更多，整体画面不会有拥挤感，视觉效果更为舒适。通常物品摆放要求如下。

●将同色系/同种商品摆放在一起，视觉观感会更整洁、有序。

●商品的高度不同，摆放时要注意整体的层次感，要将较低的商品摆放在前面，较高的商品摆放在后侧。

●利用展台使商品摆放错落有致，软质包装商品摆放在底层可依靠处，或用透明置物架摆放。

9.2.3　注意直播构图要素

合适的直播构图能够透过手机屏幕让用户感觉到主播是在和自己一个人说话，如果是带货直播，就会让用户感觉到主播正在给自己讲解和展示商品，能够给用户带来更好的观看体验和购物体验。

针对直播营销来说，竖屏直播构图一般都具有"1-2-1"的特点。

●画面上部：1/4留白放置品牌Logo、商品贴图等。

●画面中部：主播半身出镜，约占手机屏幕的1/2，并保持眼睛直视手机镜头。

●画面下部：展台约占手机屏幕的1/4，放置主要的直播商品。

在拍摄直播视频时，直播要注意直播画面的构图要素。下面从直播构图的上、中、下三部分信息区来说明，如图9-22所示。

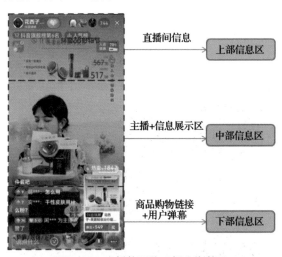

图9-22　直播构图的三部分信息区

1．上部信息区

上部信息区包含多个图标，遮挡较多，因此不建议放太多的重要信息。但是，此区域属于直播间第一印象区域，应放一些趣味创意内容，以吸引用户的注意力。

上部信息区的打造主要是围绕加深用户对品牌及商品记忆点、提升品牌信任感与增强用户的品牌黏性等方面展开。上部信息区主要包括品牌信息、气氛烘托及品牌代言人等相关内容。

2．中部信息区

中部信息区是直播构图中面积最大的视觉中心，也是视觉核心位置。此区域是用户接收直播间信息的主要区域，也是能实现品牌信息露出、调性展现、视觉卖点最大化的区域。中部信息区是用户的视觉焦点区域，是主播需要重点打造的区域，除主播镜头外该区域展示的信息主要包括利益点信息、虚拟场景、品牌、宣传片、福利互动、第二镜头等内容。

3．下部信息区

下部信息区是被遮挡较多的区域，一般不推荐放大段信息。此区域主要是展示用户弹幕和商品购物链接，同样属于重要的印象区域。干净、清晰的下部信息区设计，更能提高直播画面的整体效果。下部信息区主要包括展台、用户弹幕、商品购物链接、次要促销信息、主打商品展示等内容。

9.3 使用Premiere制作直播视频

下面将通过案例详细介绍如何使用Premiere CC 2019制作直播视频，包括制作直播精彩片段和下期直播预告。

↘ 9.3.1 制作直播精彩片段

视频

制作直播精彩片段

制作直播精彩片段是将录制下来的直播长视频重新制作后得到短视频，然后将短视频分发到短视频平台，以引导用户下单购买相应的商品。使用Premiere制作直播精彩片段的具体操作方法如下。

步骤 01 启动 Premiere 程序，新建"直播剪辑"项目，并导入"直播"视频素材，如图9-23所示。

图9-23　导入"直播"视频素材

步骤 02 在"项目"面板中双击视频素材，在"源"面板中进行预览，找到视频素材中的精华部分或希望展现给用户的部分，单击"添加标记"按钮█或按【M】键，即可添加一个标记，如图 9-24 所示。

图9-24　添加标记

步骤 03 按住【Alt】键的同时拖动标记，划分标记范围，如图 9-25 所示。

步骤 04 双击标记，弹出"标记"对话框，输入标记名称，然后单击"确定"按钮，如图 9-26 所示。

图9-25　划分标记范围

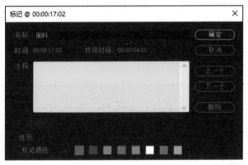

图9-26　输入标记名称

步骤 05 采用同样的方法，在其他要剪辑的部分添加标记，并设置标记名称，如图 9-27 所示。

步骤 06 在视频素材的标记位置标记入点和出点，选择需要的片段，如图 9-28 所示。

图9-27　继续添加标记

图9-28　标记入点和出点

步骤 07 在"项目"面板中将视频素材拖至"新建项"按钮■上，创建序列，如图9-29所示。

步骤 08 采用同样的方法在"源"面板中其他视频标记位置选择要使用的片段，然后在序列中添加其他视频剪辑，如图9-30所示。

图9-29　创建序列　　　　　　　　　　图9-30　添加其他视频剪辑

步骤 09 在序列中对视频剪辑进行修剪，使用波纹编辑工具■选中视频剪辑的左端或右端，按住【Ctrl】键的同时按【←】或【→】方向键即可逐帧精确修剪视频剪辑，如图9-31所示。在修剪视频剪辑时，需在时间轴面板头部启用"链接选择项"功能■，以同步视频和音频。

步骤 10 播放序列，在音频切换比较生硬的位置添加"恒定功率"音频过渡效果，并根据需要调整音频过渡效果的位置，在此将其放到后一个音频剪辑的起点位置，并设置过渡持续时间为10帧，如图9-32所示。

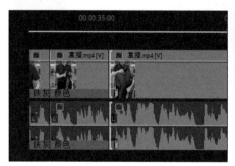

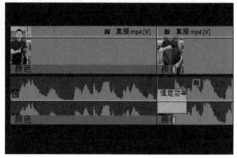

图9-31　精确修剪视频剪辑　　　　　　图9-32　添加"恒定功率"音频过渡效果

步骤 11 在序列中选中主播介绍衣服颜色部分的所有视频剪辑并用鼠标右键单击，选择"编组"命令，创建编组，如图9-33所示。此时，单击编组中的任意一个视频剪辑，就可以选中整个编组，以便同时移动这些视频剪辑。

步骤 12 视频剪辑修剪完成后，根据需要调整视频剪辑的先后顺序，在调序时按住【Ctrl+Alt】组合键的同时拖动视频剪辑进行调序，如图9-34所示。调序完成后预览视频整体效果，查看视频剪辑之间过渡是否流畅，如果不够流畅可以添加视频转场效果。

步骤 13 在序列中选中要调整构图的视频剪辑，在"效果控件"面板中调整"缩放"和"位置"参数，改变视频剪辑的构图，如图9-35所示。

步骤 14 在"节目"面板中预览视频剪辑的构图调整效果，如图9-36所示。

图9-33 创建编组

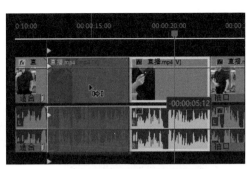

图9-34 调整视频剪辑的先后顺序

图9-35 调整"缩放"和"位置"参数

图9-36 预览视频剪辑的构图调整效果

步骤 15 在序列中将播放头移至要添加文字的位置，使用文字工具 **T** 在"节目"面板中输入文字，如图 9-37 所示。

步骤 16 打开"基本图形"面板，选中文本剪辑，在"文本"组中设置字体、字号、对齐方式、字距及外观等样式，如图 9-38 所示。

图9-37 输入文字

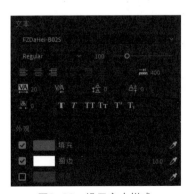

图9-38 设置文本样式

步骤 17 在"对齐和变换"组中单击"水平居中对齐"按钮 ，在"主样式"下拉列表框中选择"创建主文本样式…"选项，在弹出的对话框中输入样式名称，然后单击

"确定"按钮，如图9-39所示。

步骤⑱ 在序列中按住【Alt】键的同时拖动文本剪辑进行复制，然后根据需要修改文字，如图9-40所示。

图9-39 新建文本样式　　　　　　图9-40 复制并修改文字

步骤⑲ 在"节目"面板中预览文字效果，如图9-41所示。

步骤⑳ 使用文字工具**T**在"节目"面板中输入新的文字，并根据需要设置文本样式，如图9-42所示。

步骤㉑ 在"基本图形"面板中为新添加的文字创建"样式2"文本样式，如图9-43所示。需要注意的是，如果新文字是复制"样式1"的文本剪辑，则需要先选择无样式，再创建新的文本样式。

图9-41 预览文字效果　　图9-42 输入新的文字　　图9-43 创建新的文本样式

步骤㉒ 在序列中介绍衣服颜色部分的视频剪辑上方添加两个文本剪辑，并应用不同的文本样式，如图9-44所示。

步骤㉓ 在"节目"面板中预览文字效果，如图9-45所示。

步骤㉔ 下面为直播视频制作一个简单的视频封面，在"节目"面板中预览要设置为封面的视频画面，单击"导出帧"按钮📷，如图9-46所示。

步骤㉕ 弹出"导出帧"对话框，输入名称，选择图片格式，单击"浏览…"按钮设置封面保存位置，选中"导入到项目中"复选框，然后单击"确定"按钮，如图9-47所示。

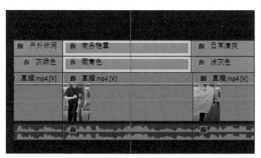

图9-44 添加两个文本剪辑并应用不同的文本样式　图9-45 预览文字效果

图9-46 单击"导出帧"按钮　　图9-47 设置导出帧

步骤 **26** 在"项目"面板中创建颜色遮罩，在"拾色器"对话框中选择所需的颜色，然后单击"确定"按钮，如图9-48所示。

步骤 **27** 将颜色遮罩和封面分别拖至序列的开始位置，在拖动时按住【Ctrl】键即可将其插入序列的开始位置，然后在封面图片的上方添加文本剪辑，输入封面文字，并根据需要设置文本样式，如图9-49所示。

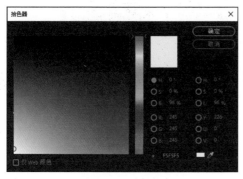
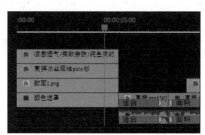

图9-48 选择颜色　　图9-49 添加颜色遮罩、封面和文本剪辑

步骤 **28** 在"节目"面板中预览封面效果，如图9-50所示。

步骤 **29** 将封面所用到的剪辑创建为嵌套序列，修剪其长度为10帧，然后在A2轨道上添加背景音乐，并调小音量，如图9-51所示。至此，直播精彩片段制作完成，预览短视频整体效果，然后选中序列并按【Ctrl+M】组合键，即可导出短视频。

图9-50 预览封面效果

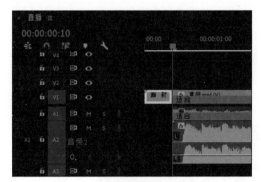

图9-51 添加背景音乐并调小音量

9.3.2 制作下期直播预告

下期直播预告能够让用户提前了解下期直播的内容，并将开播信息提前推送给更多可能感兴趣的潜在用户。下面在Premiere CC 2019中制作下期直播预告，具体操作方法如下。

视频

制作下期直播预告

步骤 **01** 在Premiere程序中新建"直播预告"项目，并导入"直播预告"视频素材，如图9-52所示。

步骤 **02** 将"直播预告"视频素材直接拖至"新建项"按钮 上，创建序列，如图9-53所示。

图9-52 导入"直播预告"视频素材

图9-53 创建序列

步骤 **03** 创建调整图层，然后将调整图层添加到V2轨道上，将其移至要放大画面的位置，并根据需要调整调整图层的长度，如图9-54所示。

步骤 **04** 为调整图层添加"变换"效果，在"效果控件"面板中设置"缩放"参数为150.0，然后根据需要调整"位置"参数，如图9-55所示。

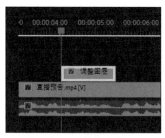

图9-54　添加调整图层　　　　　　　　图9-55　添加"变换"效果

步骤 05 在"节目"面板中预览画面突然放大效果，如图 9-56 所示。

步骤 06 使用文字工具 **T** 在"节目"面板中输入文字，并设置文本样式，在序列中调整文本剪辑的长度，在此将文本剪辑的右端向右拖至视频剪辑的末尾，如图 9-57 所示。

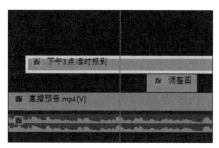

图9-56　预览画面突然放大效果　　　　　图9-57　调整文本剪辑的长度

步骤 07 在"节目"面板中预览文字效果，如图 9-58 所示。

步骤 08 根据直播口播音频对文本剪辑中要切换文字的位置进行分割，然后根据口播内容修改文字，如图 9-59 所示。

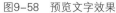
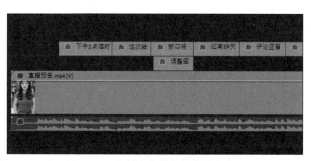

图9-58　预览文字效果　　　　　图9-59　分割文本剪辑并修改文字

步骤 09 在"节目"面板中选中文字的关键信息，对其样式进行修改，使其更加醒目，如图 9-60 所示。

步骤 10 按照前面介绍的方法为下期直播预告短视频制作一个封面（见图 9-61），然后导出短视频。

图9-60　修改关键信息文字样式　　　图9-61　制作封面

课后实训：制作服装直播精彩片段

1. 实训目标

制作服装直播精彩片段。

2. 实训内容

在Premiere中导入"课后实训"文件夹中提供的直播视频素材，以用户的视角将其中的重要内容制作成一条30s左右的短视频。

3. 实训步骤

（1）标记素材

在"源"面板中标记直播视频素材中的重要片段。

（2）粗剪视频

创建序列，将视频素材标记位置的片段添加到序列中，在时间轴面板中对各视频剪辑进行精确修剪，然后对视频剪辑进行编组，并调整视频剪辑的先后顺序。预览视频的整体效果，并根据需要添加视频过渡和音频过渡效果，使视频播放更流畅。

（3）添加字幕

为视频中的关键信息添加字幕，并创建不同的文本样式。

（4）制作直播封面

在视频中选择精彩画面并导出帧，作为封面图片。将封面图片插入视频的开始位置，然后设置封面效果，添加封面文字等，最后导出短视频。

（5）实训评价

进行小组自评和互评，撰写个人心得和总结，最后由教师进行评价和指导。

课后思考

1. 简述直播间需要配置的直播设备。

2. 简述直播间场景布置的基本要求。

3. 简述主播和场控的工作职责。